河北省"十四五"职业教育规划教材
职业教育建筑类专业"互联网+"创新教材

建筑装饰 CAD

主　编　陈瑞卿　尚文阔
副主编　李永霞　王海龙
参　编　魏　倩　秦　瑶　陈瑞涛　杨玲玲　李海青

机械工业出版社

本书结合丰富的行业项目案例，以"建筑装饰CAD课程思政探讨与实践"研究课题为依托，加入课程思政内容，突出项目案例的讲解及练习配置，达到"以学生为主体"的目的。本书共七个项目，项目一和项目二介绍AutoCAD的基础知识和绘图环境，为下一步绘制建筑装饰图做准备；项目三介绍AutoCAD的绘图及编辑命令；项目四、项目五、项目六介绍图层、文字、标注样式及打印输出设置，为学生深入学习打基础；项目七介绍住宅空间装饰设计方案绘制，使学生通过学习，快速掌握绘制建筑装饰方案图的方法、流程和操作技巧。

本书突出实例的讲解及能力的训练，可作为职业院校建筑设计、建筑装饰工程技术、建筑室内设计、环境艺术设计专业学生及相关领域技术人员和设计人员用书，也可作为AutoCAD初学者的自学教材。

图书在版编目（CIP）数据

建筑装饰CAD/陈瑞卿，尚文阔主编. —北京：机械工业出版社，2022.9
（2025.1重印）

职业教育建筑类专业"互联网＋"创新教材

ISBN 978-7-111-70896-4

Ⅰ.①建…　Ⅱ.①陈…②尚…　Ⅲ.①建筑装饰 – 建筑制图 – 计算机辅助
设计 – AutoCAD软件 – 职业教育 – 教材　Ⅳ.①TU238 – 39

中国版本图书馆CIP数据核字（2022）第089496号

机械工业出版社（北京市百万庄大街22号　邮政编码100037）
策划编辑：沈百琦　　　　责任编辑：沈百琦　高凤春
责任校对：张晓蓉　李　婷　责任印制：郜　敏
北京富资园科技发展有限公司印刷
2025年1月第1版第3次印刷
184mm×260mm·7印张·172千字
标准书号：ISBN 978-7-111-70896-4
定价：28.00元

电话服务　　　　　　　　　　网络服务
客服电话：010-88361066　　　机　工　官　网：www.cmpbook.com
　　　　　010-88379833　　　机　工　官　博：weibo.com/cmp1952
　　　　　010-68326294　　　金　书　网：www.golden-book.com
封底无防伪标均为盗版　　　　机工教育服务网：www.cmpedu.com

前　言

　　AutoCAD 是美国 Autodesk 公司在 20 世纪 80 年代初开发的通用计算机辅助绘图和设计软件，本书将 AutoCAD 的基本使用方法与行业项目案例相结合，针对建筑和装饰行业应用而编写，目的是使读者能够使用 AutoCAD 实现行业应用。

　　本书结合丰富的行业项目案例，以实用为宗旨，详尽地介绍了 AutoCAD 2014 的使用方法和绘图技巧。考虑到中职学生思维活跃、动手实践能力强的特点，本书突出项目案例的讲解及练习配置，并针对建筑及装饰行业应用做了详尽的专业项目案例示范。本书分为七个项目，项目一和项目二介绍 AutoCAD 软件的基础知识和绘图环境，为下一步绘制建筑装饰图做准备；项目三介绍 Auto-CAD 的绘图及编辑命令；项目四、项目五、项目六介绍图层、文字、标注样式及打印输出设置，为学生深入学习打好基础；项目七介绍住宅空间装饰设计方案图绘制，使学生通过学习，快速掌握绘制建筑装饰方案图的方法、流程和操作技巧。

　　本书的编写人员有着多年的 AutoCAD 教学经验和企业实践经验，本书以"建筑装饰 CAD 课程思政探讨与实践"研究课题为依托，采用"项目—任务"式编写方式，在介绍 AutoCAD 软件命令及操作的同时，融入了"颗粒素养"，以实现专业知识与思政教育的有机融合。此外，本书还结合大量的课后拓展训练进行反复实践练习，从而达到"以学生为主体"的训练目的。

　　本书由河北城乡建设学校陈瑞卿、尚文阔任主编，河北城乡建设学校李永霞、室内设计师王海龙任副主编，河北城乡建设学校魏倩、秦瑶、陈瑞涛、杨玲玲、李海青参与编写。编写分工如下：项目一，项目二，项目三中任务一~任务三、任务八，项目四~项目六，项目七中任务一~任务二由陈瑞卿编写；项目三中任务四~任务七，附录 E 由尚文阔编写；项目七中任务三~任务五由李永霞、尚文阔共同编写；附录 A、附录 B、附录 C、附录 D 由陈瑞卿、尚文阔、李永霞、王海龙、陈瑞涛、魏倩、秦瑶、杨玲玲、李海青共同编写。河北城乡建设学校校长贺海宏对本书进行了整体规划，审阅了全书，并提出了许多宝贵意见，在此表示衷心感谢！

　　由于编者水平有限，书中难免存在疏漏之处，恳请读者不吝指正。

编　者

本书微课视频清单

序号	名称	图形	序号	名称	图形
1	项目三 任务一 绘制楼梯台阶		7	项目三 任务七 绘制室内常用符号	
2	项目三 任务二 绘制乘凉亭		8	项目三 任务八 多线绘制建筑平面图	
3	项目三 任务三 绘制门		9	项目七 任务二 绘制两室建筑平面图	
4	项目三 任务四 绘制吊灯		10	项目七 任务三 绘制两室家具平面布置图	
5	项目三 任务五 绘制地面拼花图		11	项目七 任务四 绘制两室地面布置图	
6	项目三 任务六 绘制立面柜子		12	项目七 任务五 绘制两室顶面布置图	

目 录

前言
本书微课视频清单

介绍AutoCAD软件

项目一

绘图环境设置

项目二

绘制及编辑二维图形

项目三

学习文字与尺寸标注

项目四

项目五　设置图层

项目六

布局图纸和打印输出

项目七

绘制装饰施工图

附　录

项目一　介绍 AutoCAD 软件

项目目标

通过本项目的学习，学生对 AutoCAD 软件的基础知识进行初步了解和掌握，学会 AutoCAD 软件的启动、关闭，了解并掌握该软件的界面组成部分，以及了解坐标的分类和表达方法，记忆 F1 ~ F12 功能按键的作用。

随着计算机技术的不断发展，计算机正在广泛应用于各个领域，AutoCAD 是 Autodesk 公司推出的专门用于计算机辅助设计的软件，因其功能强大、简单易学、使用方便等特点，受到广泛欢迎，成为目前国内外最为大众化的 CAD 绘图软件之一，主要应用于建筑、机械、电子、服装、气象、地理等领域，是工程技术人员必须掌握的绘图和设计工具之一。

AutoCAD 自 1982 年问世以来，其计算、绘图和设计功能得到了极大的改善，成为工程设计人员的强大助手。本书中，将主要学习 AutoCAD 在建筑装饰及家具等行业的应用。

任务一　学习如何启动 AutoCAD 软件

1）双击桌面上快捷图标🅰️。

2）打开🪟→"所有程序"→"Autodesk"→"AutoCAD ***简体中文"，单击即可，如图 1-1 所示。

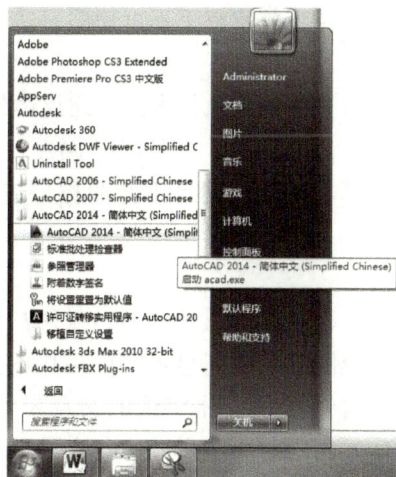

图 1-1　如何启动 AutoCAD

任务二　**认识 AutoCAD 界面**

启动软件后，桌面上就会显示 AutoCAD 的界面，如图 1-2 所示。AutoCAD 的经典绘图界面由标题栏、菜单栏、工具栏、绘图区、状态栏、命令行（窗口）、十字光标、绘图工具栏、修改工具栏等组成。

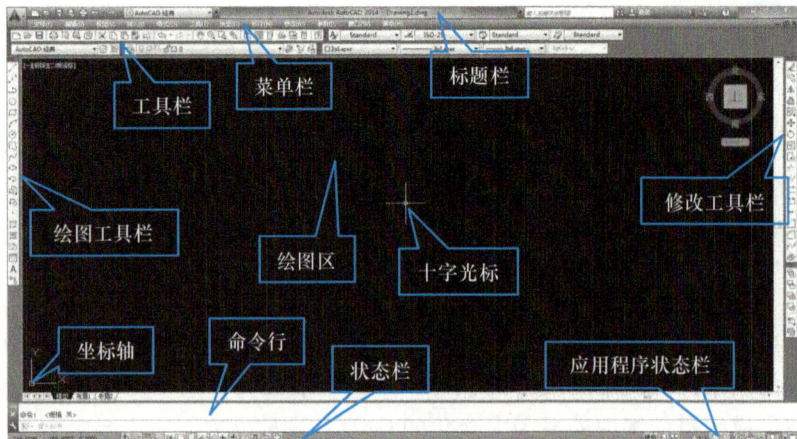

图 1-2　AutoCAD 界面

1. 标题栏

标题栏位于窗口最上方，用于显示当前正在运行的程序名及文件名等信息，如果是 AutoCAD 默认的图形文件，其名称为 Drawing$N$. dwg （其中，N 为阿拉伯数字）。

2. 菜单栏

菜单栏中有"文件""编辑""视图""插入""格式""工具""绘图""标注""修改""参数""窗口""帮助"等，几乎包括了 AutoCAD 中全部的功能和命令，其中，命令后有"▸"的，表示该命令后还有子命令；命令后有"…"的，表示执行该命令可打开一个对话框；命令呈灰色，表示该命令在当前状态下不可使用。

3. 工具栏

工具栏是该软件调用命令的另一种快捷执行方式，建议优先采用此方式调用命令。它包含许多由图标表示的命令按钮。默认情况下，"标准""属性""绘图""修改"等工具栏处于打开状态。可以在任意工具栏单击鼠标右键（下文简称"右击"），在弹出的快捷菜单中选择显示或关闭相应的工具栏。

4. 绘图区

绘图区也叫作绘图窗口，是屏幕中央的黑色区域，是用户用来绘制和编辑图形的区域。在绘图区域中，除了显示当前的绘图结果，还显示当前使用的坐标系类型以及坐标原点等。启动 AutoCAD 后，在绘图区显示十字光标，十字线的交点为当前光标位置，十字线的方向与当前用户坐标系的 X 轴、Y 轴方向一致。当光标移出绘图区指向工具栏、菜单栏时，光标显示为箭头形式。

5. 命令行

命令行位于绘图区下面，用于接收用户输入的命令，是计算机与用户进行交互的区域，默认为 3 行，按 <F2> 可以打开"AutoCAD 文本窗口"，它记录了 AutoCAD 已经执行的所有命令，也可以用来输入新命令，是放大的命令行窗口。用户可以通过 <Ctrl +9> 组合键快速实现隐藏或显示命令行操作。

6. 状态栏

状态栏位于屏幕底部，用来显示 AutoCAD 当前的状态，如当前光标的坐标。状态栏还包括一些功能按钮，如"推断约束""捕捉模式""栅格显示""正交模式""极轴追踪""对象捕捉""三维对象捕捉""对象捕捉追踪""快捷特性"等，如图 1-3 所示，单击任意一个功能按钮即可打开或关闭相应的辅助绘图工具。

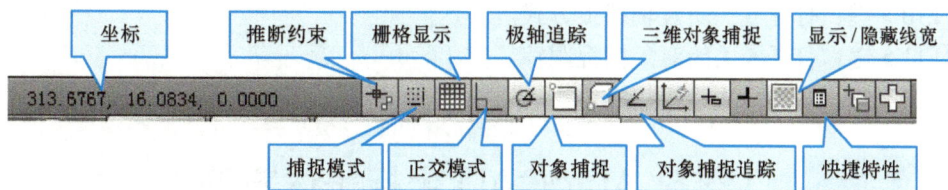

图 1-3　状态栏

7. 目标捕捉

目标捕捉是一个十分有用的工具，其作用是将十字光标强制性地准确定位在已存在的实体特定点或特定位置上。单击"工具"→"草图设置"→"对象捕捉"，如图 1-4 所示，目标捕捉方式有 13 种，常用的有 8 种，其中，端点（E）指的是一条线段的两个端点，交点（I）指的是两条相交对象的交点，中点（M）指的是对象的中心点，圆心（C）指的是圆、弧或圆环的圆心，节点（D）指的是对象分成多段后的节点，象限点（Q）指的是圆、弧或圆环在整个圆周上的四分点，平行线（L）指的是捕捉一点，使已知点与该点的连线与一条已知直线平行，延长线（X）用来捕捉已知直线延长线上的点，即在该延长线选择合适的点。

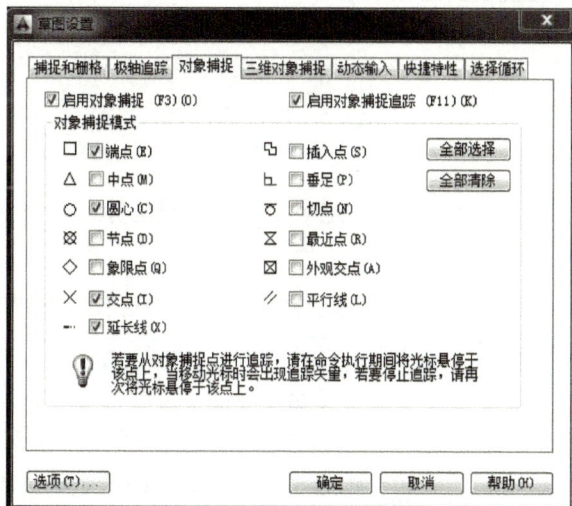

图 1-4　对象捕捉

8. 功能键

< F1 > 键：启动 AutoCAD 在线"帮助"对话框，即执行"HELP"命令。

< F2 > 键：打开或关闭 AutoCAD 的文本窗口。

< F3 > 键：对象捕捉设置切换。

< F4 > 键：三维对象捕捉设置切换。

< F5 > 键：等轴测平面设置切换。

< F6 > 键：动态 UCS 设置切换。

< F7 > 键：打开或关闭栅格。

< F8 > 键：打开或关闭正交方式。

< F9 > 键：打开或关闭捕捉方式。

< F10 > 键：打开或关闭极轴捕捉方式。

< F11 > 键：打开或关闭对象捕捉跟踪。

< F12 > 键：动态输入设置切换。

任务三　学习 AutoCAD 坐标表达方法

AutoCAD 绘图时很多命令需要指定点的位置，当 AutoCAD 命令提示输入点时，可以使用坐标等定点设备指定点，也可以通过键盘提供坐标值来指定点。

1. AutoCAD 中的坐标分类及表达方法

AutoCAD 中的坐标按坐标定义方法，可以分为笛卡儿坐标系（直角坐标系）和极坐标系，如图 1-5 所示。

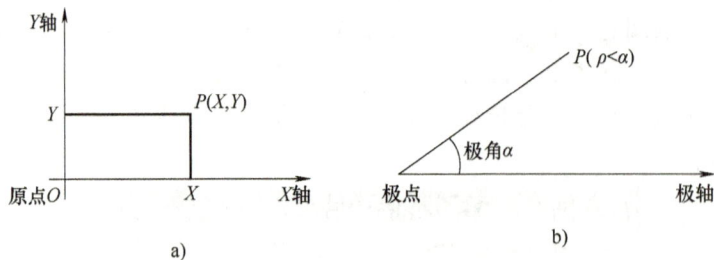

图 1-5　坐标分类
a）笛卡儿坐标系　b）极坐标系

若按与参照点的关系，坐标可以分为绝对坐标和相对坐标，其表达方法的示例和解释见表 1-1。

表 1-1　坐标系中绝对坐标和相对坐标的表达示例和解释

分　类		表 达 示 例	解　释
笛卡儿坐标系 （直角坐标系） （X，Y）	绝对坐标	6，15	X 轴方向距坐标原点在正方向上 6 个单位，Y 轴方向距坐标原点在正方向上 15 个单位，坐标原点为（0，0）
	相对坐标	@8，-10	X 坐标上距离上一点在正方向上 8 个单位，Y 坐标上距离上一点在负方向上 10 个单位

（续）

分　类		表 达 示 例	解　释
极坐标系 （$\rho < ?$）	绝对坐标	$4 < 60$	距离原点长度为 4 个单位，并且与 X 轴成 60°角
	相对坐标	$@5 < 30$	距离上一指定点长度为 5 个单位，并且与 X 轴成 30°角

2. 在状态栏中显示坐标

移动鼠标时会发现状态栏坐标区中的数字有所变化，这些数字表示屏幕上十字光标的精确位置或坐标，在状态栏坐标区中单击可以切换三种坐标显示状态，如图 1-6 所示。

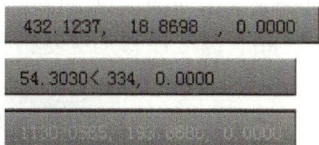

图 1-6　状态栏中坐标显示状态

模式 1："动态显示绝对坐标"。默认情况下，该显示方式是打开的。

模式 2："动态显示相对极坐标"。如果当前处在拾取点状态，系统将显示光标所在位置相对于上一个点的距离和角度。当离开拾取点状态时，系统将恢复到模式 1。

模式 0："关"。坐标区灰色显示，不能动态更新，坐标区灰色数字为上一个拾取点的绝对坐标，仅当在屏幕指定点时才更新。

3. 坐标输入方法

AutoCAD 中坐标输入方法包括：命令行输入、直接距离输入、动态输入等。

（1）命令行输入　在命令行中根据需要选择合适的坐标类别，按其表示方法输入坐标。

（2）直接距离输入　输入相对极坐标的另一种方法是：通过移动光标指定方向，然后在键盘中直接输入距离，即通过方向和距离两个要素确定第二个点，称为直接距离输入。

> **注：** 这种方法通过鼠标与键盘的配合，效率高，绘图时经常使用。

（3）动态输入　启用"动态输入"时，工具栏提示将在光标附近显示信息，该信息会随着光标的移动而动态更新，当某条命令需要指定点时，工具栏提示将提供输入坐标的位置，可用指针输入和标注输入两种方式来输入坐标。

指针输入：当有命令需要指定点时，将在光标附近的工具栏中显示坐标提示，如图 1-7 所示，并可接受坐标输入，在第一个输入字段中输入坐标值并按 <Tab> 键后，该字段将显示一个锁定图标，随后可以在第二个输入字段中输入值。如果用户输入第一个字段值按 <Enter> 键，则第二个输入字段将被忽略，且该值将被视为直接距离。

图 1-7　指针输入

> **注：** 这种方法第二个点及后续点的默认设置为相对极坐标，不需要输入@符号，如果需要使用绝对坐标，可以使用井号（＃）前缀。

标注输入：当命令提示输入第二个点时，跟随光标的提示工具栏将显示距离和角度，如图 1-8 所示，此时可在此输入距离和角度值，在工具栏提示中的值将随光标的移动而变化，按 < Tab > 键可以移动到更改的值。

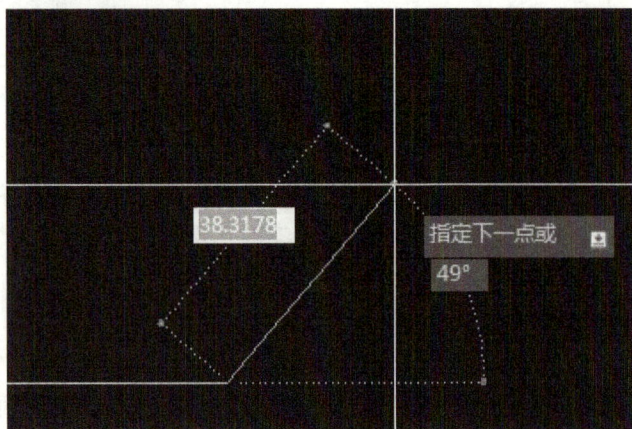

图 1-8　标注输入

项目二　绘图环境设置

项目目标

当用户对 CAD 当前默认绘图环境不满意或不习惯时，可以设置自己喜欢的绘图环境。通过本项目的学习，学生学会如何自定义 AutoCAD 软件的绘图环境，通过运用绘图环境设置对绘图单位、绘图精度以及绘图界限进行设置。

"图形单位"命令主要用于设置长度单位、角度单位、角度方向以及各自的精度等参数。而绘图界限也就是指绘图的区域，相当于手工绘图时事先准备的图纸，设置图形界限最实用的一个目的就是满足不同方位的图形在有限绘图区域窗口中的恰当显示，以方便窗口的调整及用户的编辑等。

任务一　设置绘图环境

1. 自定义绘图环境

1）绘图区域空白处右击→"选项"。

2）命令行输入 OPTION 或 OP（不区分大小写），并确认。

2. 设置步骤

在弹出的"选项"对话框中，依次进行相应项目的设置。

步骤 1：如图 2-1 所示，打开"文件"选项卡，单击"自动保存文件位置"前面的

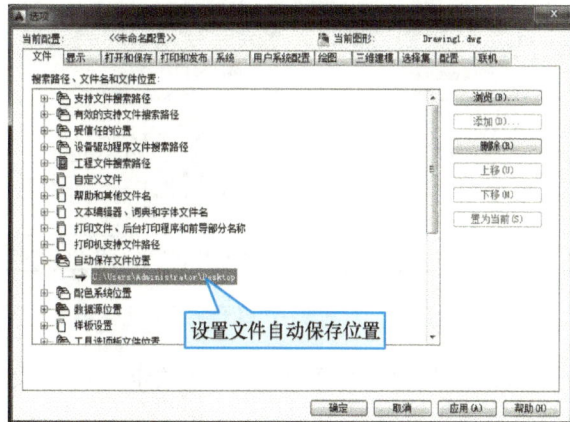

图 2-1　"选项"对话框→"文件"选项卡

"+"，可以查看或调整文件自动保存位置。

步骤2：如图2-2所示，打开"显示"选项卡，可以在选项区中设置窗口颜色、布局元素、十字光标大小等。"显示精度"和"淡入度控制"区域用于设置渲染对象的平滑度、每个曲面的轮廓线数等，所有的这些设置均会影响系统的刷新时间与速度，进而影响用户操作的流畅性。

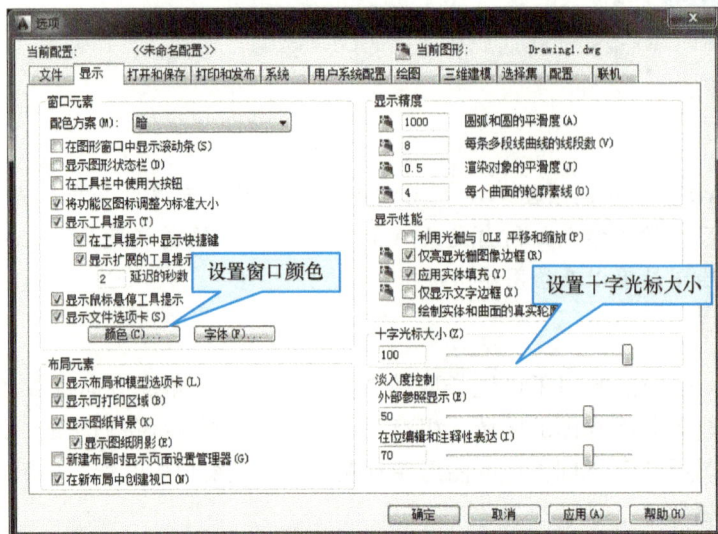

图2-2 "选项"对话框→"显示"选项卡

步骤3：如图2-3所示，打开"打开和保存"选项卡，可以设置文件保存、文件安全措施、文件打开、应用程序菜单、外部参照、ObjectARX应用程序等相关选项。

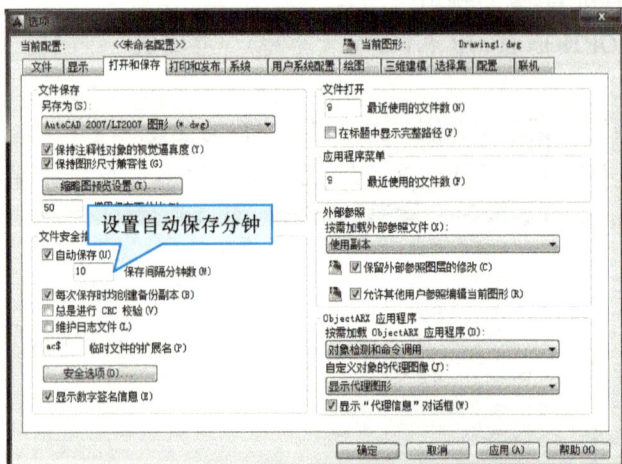

图2-3 "选项"对话框→"打开和保存"选项卡

步骤4：如图2-4所示，打开"打印和发布"选项卡，可以设置打印和发布的有关选项。

步骤5：如图2-5所示，打开"系统"选项卡，可以控制CAD软件的系统设置。

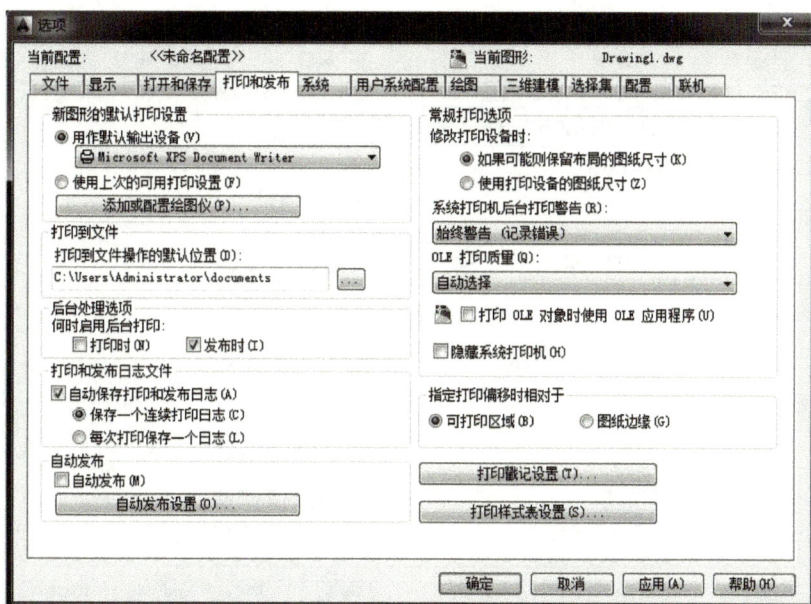

图 2-4　"选项"对话框→"打印和发布"选项卡

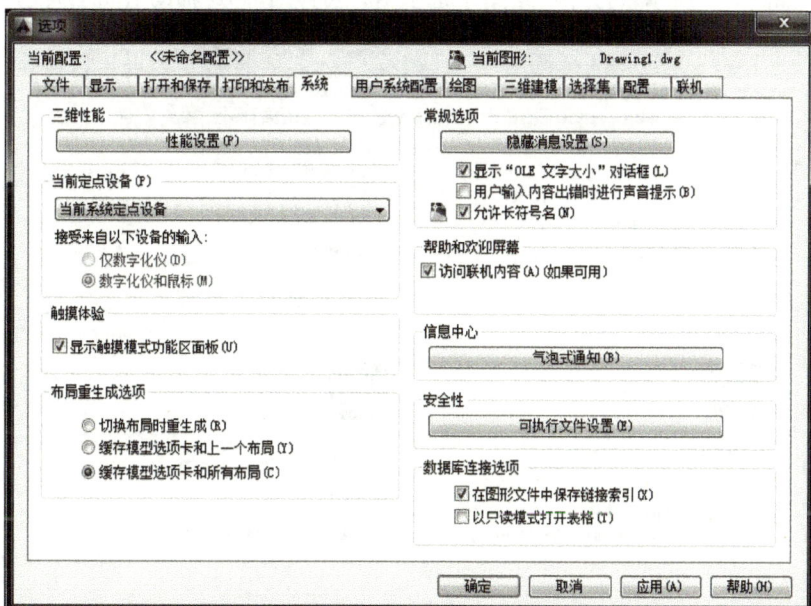

图 2-5　"选项"对话框→"系统"选项卡

　　步骤 6：如图 2-6 所示，打开"用户系统配置"选项卡，可以设置优化 CAD 软件工作方式的一些选项，其中，在"Windows 标准操作"区域中的"绘图区域中使用快捷菜单"复选框前面的"勾"可以去掉，以减少绘图命令执行过程中单击菜单的次数，加快绘图速度。

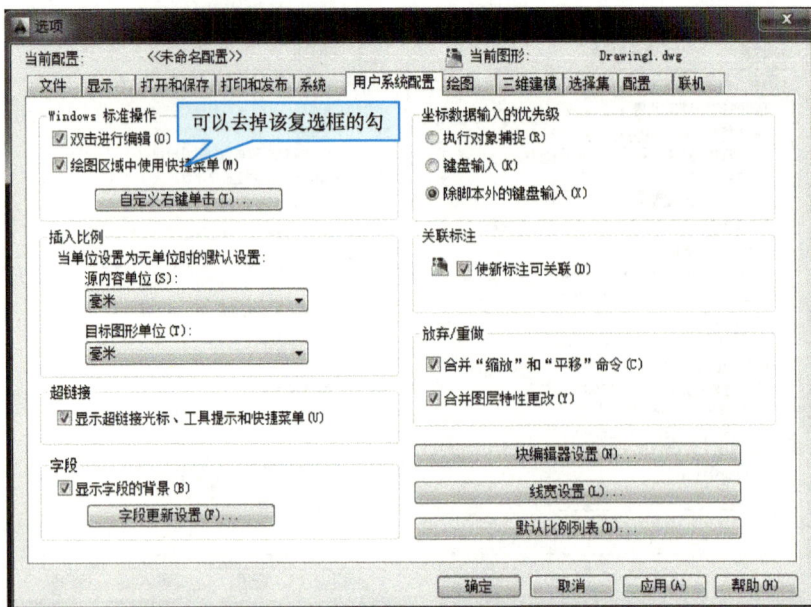

图 2-6 "选项"对话框→"用户系统配置"选项卡

步骤 7：如图 2-7 所示，打开"绘图"选项卡，可以对 CAD 辅助绘图工具选项进行设置。

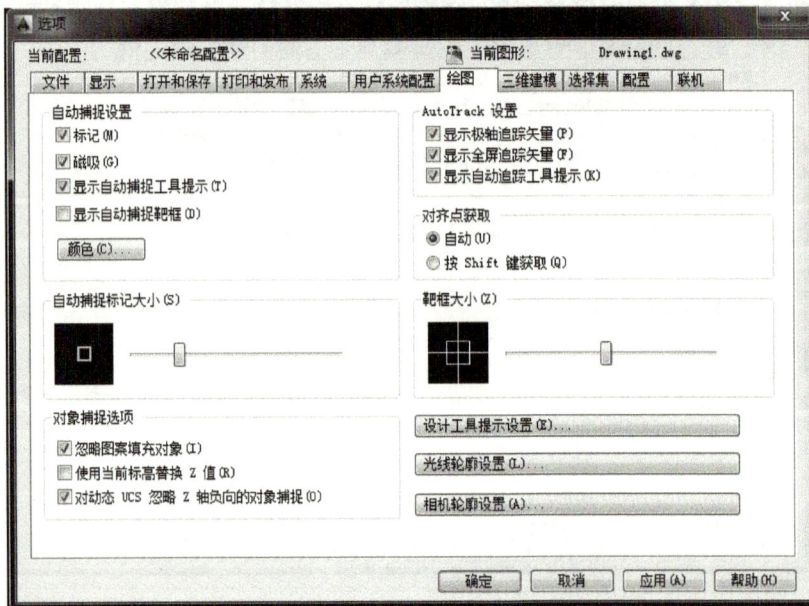

图 2-7 "选项"对话框→"绘图"选项卡

步骤 8：如图 2-8 所示，打开"三维建模"选项卡，可以对三维十字光标、在视口中显示工具、三维对象、三维导航和动态输入等选项进行设置。

步骤 9：如图 2-9 所示，打开"选择集"选项卡，可以控制 CAD 软件的选择工具和对象，用户可以控制拾取框大小、指定选择集模式、选择集预览、设置夹点尺寸和功能区选项等。

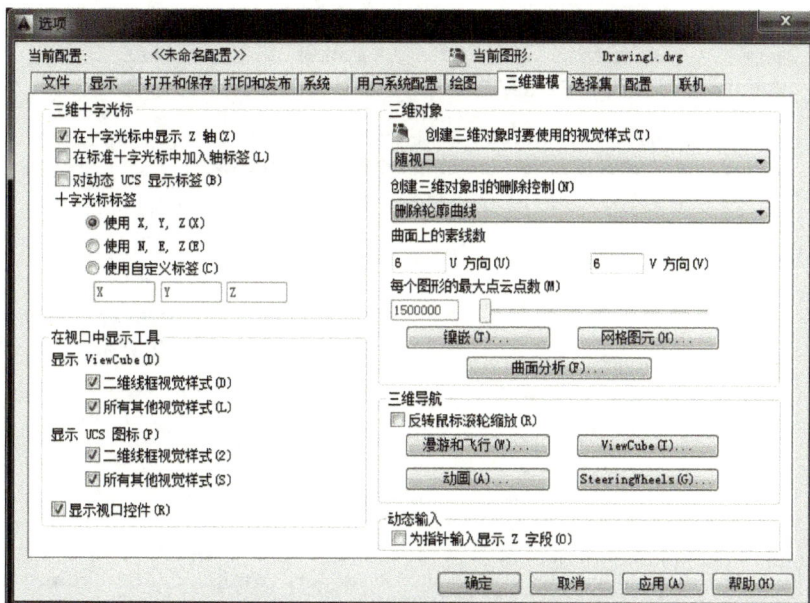

图 2-8 "选项"对话框→"三维建模"选项卡

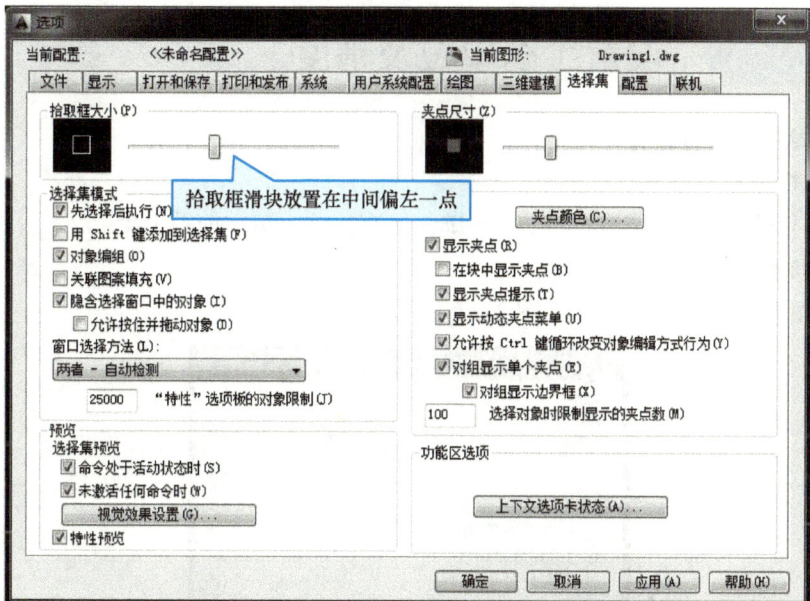

图 2-9 "选项"对话框→"选择集"选项卡

步骤 10：如图 2-10 所示，打开"配置"选项卡，可以用来创建绘图环境配置，还可以将配置保存到独立的文本文件中。如果用户的工作环境需要经常变化，可以依次设置不同的系统环境，然后将其建立成不同的配置文件，以后需要改变设置，只需调用不同的设置文件就可以了。

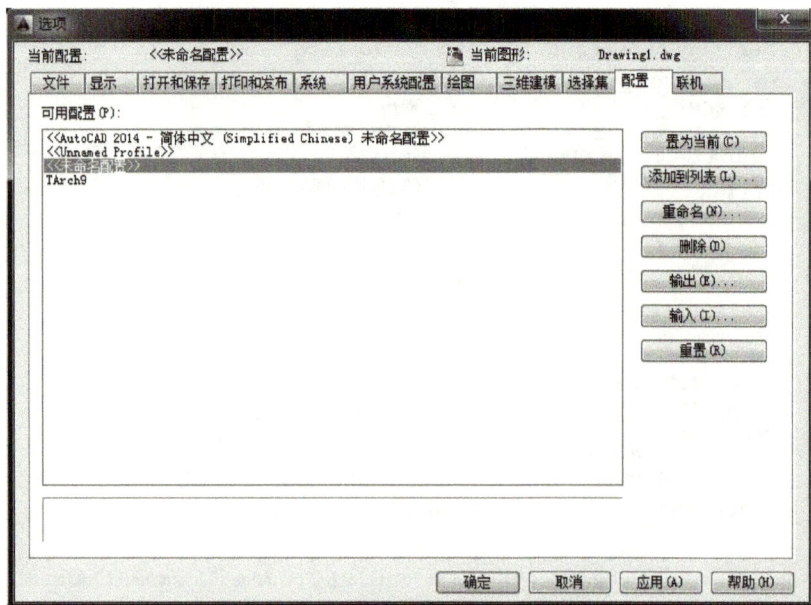

图 2-10 "选项"对话框→"配置"选项卡

任务二　设置绘图单位及精度

1. 绘图单位及精度设置

1）菜单栏选择"格式"→"单位"。

2）命令行输入 UNITS 并按 <Enter> 键，或直接输入英文简写 UN。

2. 设置步骤

打开"图形单位"对话框，如图 2-11 所示。

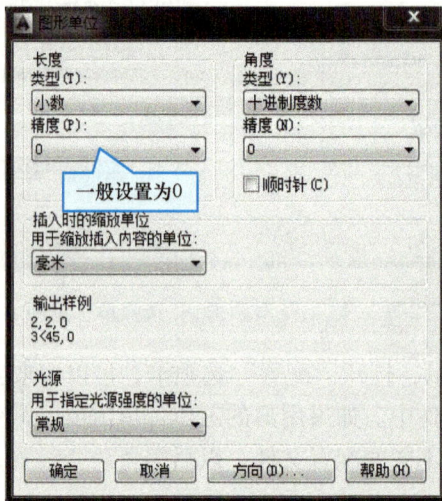

图 2-11 "图形单位"对话框

步骤1：在"长度"选项组中单击"类型"下拉按钮，设置长度的类型，默认为小数（AutoCAD 提供了分数、工程、建筑、科学、小数 5 种长度类型），在"类型"下拉列表框中可以选择所需要的长度类型；在"精度"下拉列表中设置单位的精度。

步骤2：在"角度"选项组中单击"类型"下拉按钮，设置角度的类型，默认为十进制度数，展开"精度"下拉列表，设置角度的精度，默认为 0，用户可以根据自己的需要进行调整。

步骤3：在"插入时的缩放单位"选项组中确定内容的单位，默认为毫米；

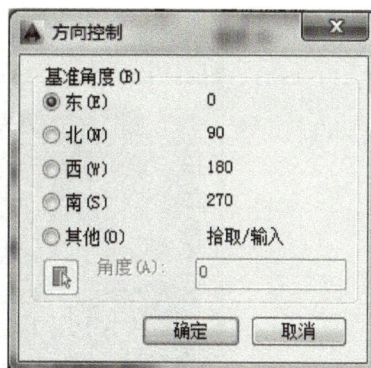

图 2-12　"方向控制"对话框

步骤4：单击对话框底部"方向"按钮，设置角度的基准方向，打开如图 2-12 所示的对话框，用来设置角度测量的起始位置。

任务三　设置绘图界限

1. 绘图界限

在绘图之前，要定义一个大概的绘图范围，它能够保证绘图在一个更加有效、合理的区域内完成。

绘图界限就是标明用户的工作区域和图纸的边界，设置绘图界限的目的是避免用户所绘制的图形超出该边界。

如，要画一个水平方向长 10000mm，竖直方向长 8000mm 的矩形。在绘图之前要先设置绘图界限，因为默认的作图空间为 A3 纸大小，即水平方向 420mm，竖直方向 297mm。

1）菜单栏选择"格式"→"图形界限"。

2）命令行输入 LIMITS。

2. 设置步骤

步骤1：打开 CAD 软件进入绘图页面后，在下面命令行里输入 LIMITS 按 <Enter> 键或者单击菜单栏选择"格式"→"图形界限"，如图 2-13 和图 2-14 所示。

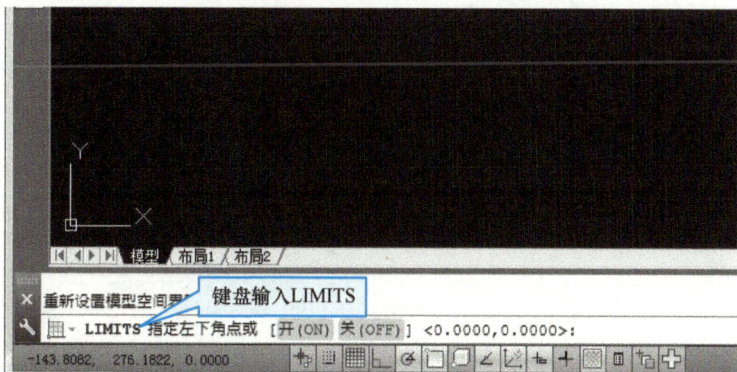

图 2-13　输入 LIMITS 设置"图形界限"

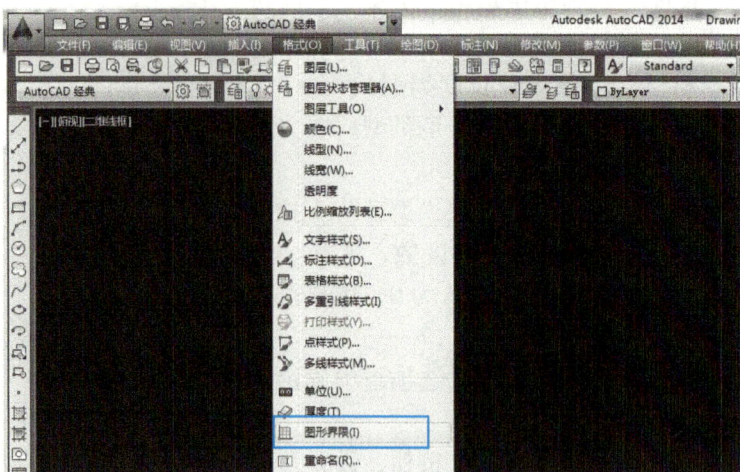

图 2-14 "格式"→"图形界限"

步骤 2：命令行出现重新设置模型空间界限的说明，默认为 < 0.0000，0.0000 >，直接按空格或 < Enter > 键确认即可。

步骤 3：此时，命令行出现"LIMITS 指定右上角点 < 420.000，297.000 >："，如果想设置成 A3 图纸大小，就在命令行输入"297，420"，如图 2-15 所示。

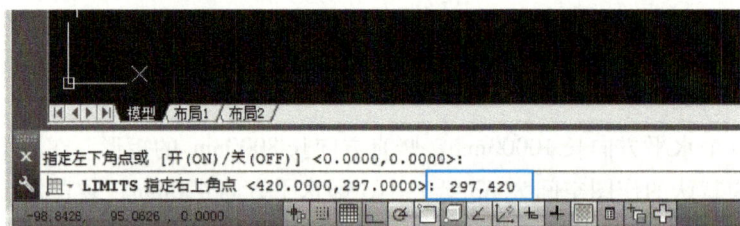

图 2-15 输入右上角点以确定图形界限

步骤 4：输入完后按空格或 < Enter > 键确认，接着在命令行输入 Z 按空格键，再输入 A 按空格键，把图形界限收缩到屏幕窗口之内即可，因为定义的范围较大，大部分在屏幕之外。

项目三　绘制及编辑二维图形

项目目标

二维图形基本绘图命令包括直线、多段线、构造线、圆、正多边形、矩形、圆弧、填充等，基本编辑命令包括镜像、偏移、复制、移动、阵列、旋转、缩放、拉伸等。通过本项目的学习，学生学会并熟练掌握 AutoCAD 软件的基本绘图及编辑命令，能对简单二维图形进行绘制及编辑。

AutoCAD 具有非常强大且便捷的绘图及编辑功能，与繁重的手工绘图相比极大地提高了绘图效率。学生应该学习并掌握 AutoCAD 的绘图及编辑功能。

任务一　绘制楼梯台阶

1. 绘制直线

直线（LINE）命令可以绘制二维直线，该命令可以一次画一条直线，也可以连续画多条直线，各直线是彼此独立的实体，直线的起点和终点通过鼠标或键盘进行确定。单击状态栏中的"正交"按钮或按 < F8 > 键打开正交模式。在正交模式下光标只能沿水平或竖直方向移动。画线时若同时打开正交模式，给定绘制直线的方向，则只需输入线段的长度，系统会自动画出水平或竖直的线段。调用方法有：

绘制楼梯台阶

1）单击下拉菜单栏"绘图"→"直线"。

2）在"绘图"工具栏单击 ✏ 按钮。

3）命令行输入 LINE 或 L 并确认。

命令选项说明："指定第一点"即指定直线的起点。若此时按 < Enter > 键，则将以上所画线段或圆弧的终点作为新线段的起点。"指定下一点或［放弃（U）］"即指定直线的下一个起点。按 < Enter > 键后，继续提示"指定下一点"，用户可输入下一个端点。若在"指定下一点"提示下按 < Enter > 键，则命令结束。键入 U：将删除上一条线段，退回到前一点的线段。多次输入 U，则会删除多条线段。键入 C：最后一个点会与第一个点首尾相连，形成一个封闭的多边形。

2. 绘图步骤

利用直线命令绘制如图 3-1 所示的楼梯台阶。

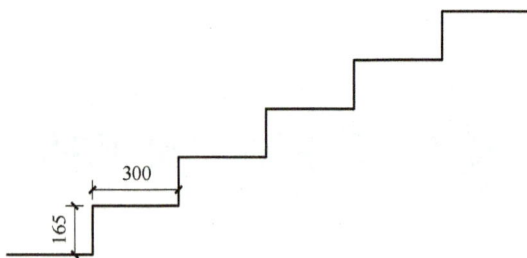

图 3-1　楼梯台阶

步骤 1：设置绘图单位为 mm 后，在键盘上输入 L，命令行提示"指定第一点"，此时在绘图区域任意位置单击作为楼梯台阶的起点。

注：若此时按 < Enter > 键，则将以上一次所画线段或圆弧的终点作为新线段的起点；若在绘图区单击直线第一点绘制的位置则确定了直线的起点，此时移动鼠标会出现一条橡皮筋线，从起点连到光标位置，橡皮筋有助于看清要画的线及其位置，光标移动过程中始终连着橡皮筋，直到选下一个点或终止绘制直线命令。

步骤 2：此时命令行提示"指定下一点或［放弃（U）］"，按 < F8 > 键打开正交模式，给定向右方向，在键盘上输入 300。

注：若在"指定下一点"提示下按 < Enter > 键或空格键，则命令结束。

步骤 3：给定向上方向，键盘输入 165，此时，楼梯台阶的一个踏步绘制完成。

步骤 4：继续重复步骤 2 和步骤 3 操作 4 次后，给定向右方向，键盘输入 300，按空格键或 < Enter > 键确认结束，楼梯台阶绘制完毕。

注：1）命令行提示"键入 U"时，意味着将撤销最近绘制的一条直线段，多次在该提示下输入"U"，则会删除多条相应的直线，一直退回到起始第一点。命令行提示"键入 C"时，最后绘制的终点会与第一个点首尾相连，形成一个封闭的多边形。

2）绘制直线是一条连续执行的命令，画完后，要想结束绘制过程，要按空格键、< Enter > 键或右击确认才能结束。

3. 拓展知识点

（1）构造线（XLINE）　两端无限延长的线为构造线，在实际绘图过程中，构造线是用来作辅助线的，绘制时，最好将其集中绘制在某一图层上，将来输出图形时，可将该图层关闭，这样辅助线就不会被打印。我们可以利用构造线很方便地作角平分线、直线的垂直平分线等，还可以快速作出很多平行的线、垂直的线、有角度的线。

调用方式：下拉菜单"绘图"→"构造线"，或"绘图"工具栏"构造线"按钮，或命令行输入 XLINE（X）。构造线仅起辅助线的作用，选项说明：指定点（通过两点绘制直线）、水平（H）（绘制水平方向的直线）、垂直（V）（绘制竖直方向的直线）、角度（A）（通过某点绘制一条与已知线段成一定角度的直线）、参照（R）（绘制与选定的直线成指定角度夹角的直线）、二等分（B）［绘制一条平分已知角的直线（角平分线）］。

（2）对象捕捉（OSNAP）　绘图中经常要指定某点，而这个点恰好是已有图形上的端点、圆心、交点或中点等，这时如果仅仅凭用户的观察很难精确确定该点，为此，CAD 提供了对象捕捉，可以帮助我们准确捕捉到图形上某些特殊点，比如端点、圆心、中点等，以便我们更精确地绘制图形。

单击下拉菜单栏"工具"→"草图设置"，或命令行输入 OSNAP 并确认，或光标移动到状态栏的"对象捕捉"图标按钮上右击，在弹出的对话框中选择"设置"，系统都会弹出"草图设置"对话框，如图 3-2 所示，在"对象捕捉"选项卡下可以选择所需的一种或多种捕捉模式，绘图时就可以实现对特殊点的捕捉。

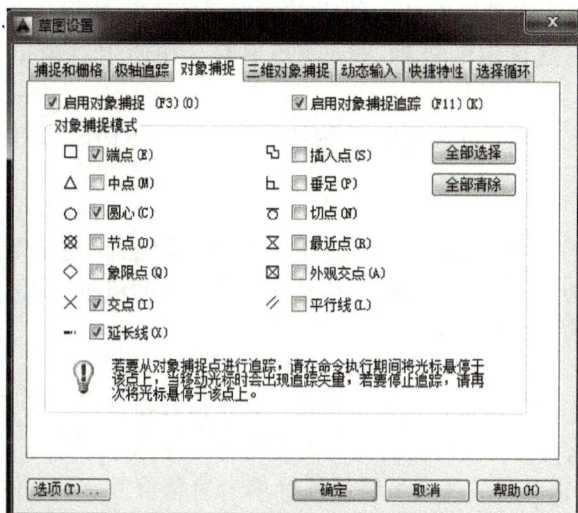

图 3-2　"草图设置"对话框

绘图过程中，如果图需要临时增加一种对象捕捉模式，也可以左手按住 <Shift> 键，右手按鼠标右键，或者打开"对象捕捉"工具栏，如图 3-3 所示，系统都将显示 17 种对象捕捉模式，使用时直接单击所需的一种捕捉模式，但该捕捉模式功能仅一次有效。

注：设置捕捉特征点时，并不是越多越好，选得太多会互相干扰。

图 3-3　"对象捕捉"工具栏

（3）对象选择　对绘制的图形进行编辑时，需要先选择要编辑的对象，然后再进行编辑。在 AutoCAD 中常见的选择对象的方法有：

点选：通过单击某个对象逐个进行选择。

框选：由细实线围成的蓝色矩形窗口，只有全部包含在该窗口内的对象才能被选择。

交叉选：由细虚线围成的绿色矩形窗口，只要和该窗口有边界交叉的对象都被选择。

注：当用户选择对象后，所有被选中的对象轮廓线都会变成虚线，方便辨别。

（4）正交　使用正交工具绘制直线的方法：

单击状态栏的"正交"按钮或按 < F8 > 键打开正交模式。在正交模式下光标只能沿水平或竖直方向移动。画线时若同时打开正交模式，则只需输入线段的长度值，系统会自动画出水平或竖直的线段。

（5）对象追踪　捕捉对象追踪辅助线上的点。系统首先捕捉一个几何点作为追踪参考点，然后按水平、竖直或设定的极轴方向进行追踪。在使用对象追踪时，必须打开对象捕捉。

调用方式：右击状态栏"对象追踪"按钮→"设置"→打开"草图设置"对话框→"极轴追踪"选项卡。

注："仅正交追踪"：仅在追踪参考点处显示水平或竖直的追踪路径。

"用所有极轴角设置追踪"：在追踪参考点处沿设置的极轴增量角、极轴方向显示追踪路径。（需同时设置极轴增量角）

在"草图设置"对话框中设置对象捕捉方式及极轴追踪方式。单击状态栏上的"对象捕捉"及"对象追踪"按钮，打开对象捕捉及追踪功能。输入绘图命令，将光标移至追踪参考点附近，系统将自动捕捉该点（注意不要用鼠标单击追踪参考点），并在此建立追踪参考点，同时显示出追踪辅助线，将光标沿辅助线运动，输入距离值（或拾取点），按 < Enter > 键确认。

（6）CAD 命令的使用　重复调用命令：按 < Enter > 键或空格键，或右击，在弹出的快捷菜单中，选择"重复"命令（第一个命令）。

退出正在执行的命令：按 < Esc > 键或右击，在弹出的快捷菜单中，选择"取消"命令。

取消已经执行的命令：在绘图过程中，如果出现错误需要修改时，可取消上一步操作，再重新绘制。"编辑"菜单→"放弃"命令，或单击"标准"工具栏中的"放弃"按钮，或右击，在快捷菜单中选择"放弃"命令，或使用键盘在命令行输入"UNDO"或"U"（"放弃"）。

恢复已取消的命令："编辑"菜单→"重做"命令，或单击"标准"工具栏中的"重做"按钮。

4. 能力训练题

利用本任务学到的"直线"命令，配合使用"正交"命令绘制如图 3-4 ~ 图 3-8 所示图形。

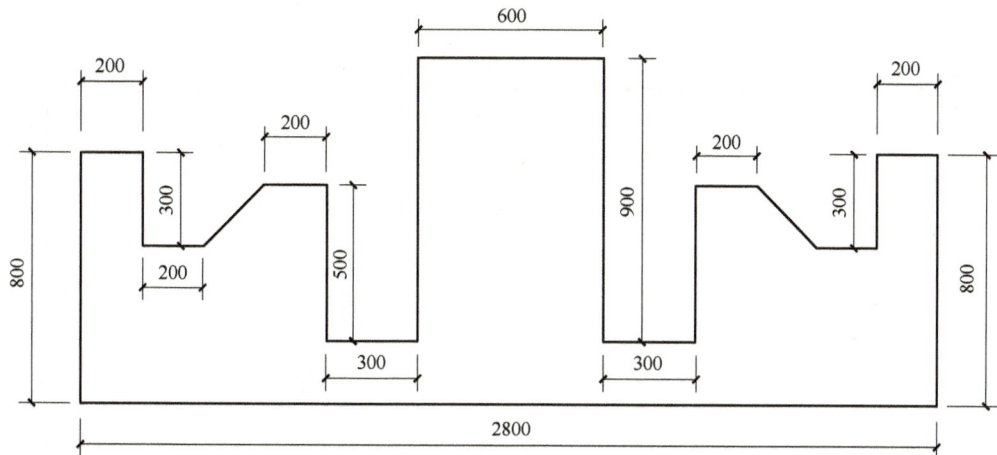

图 3-4 能力训练题一

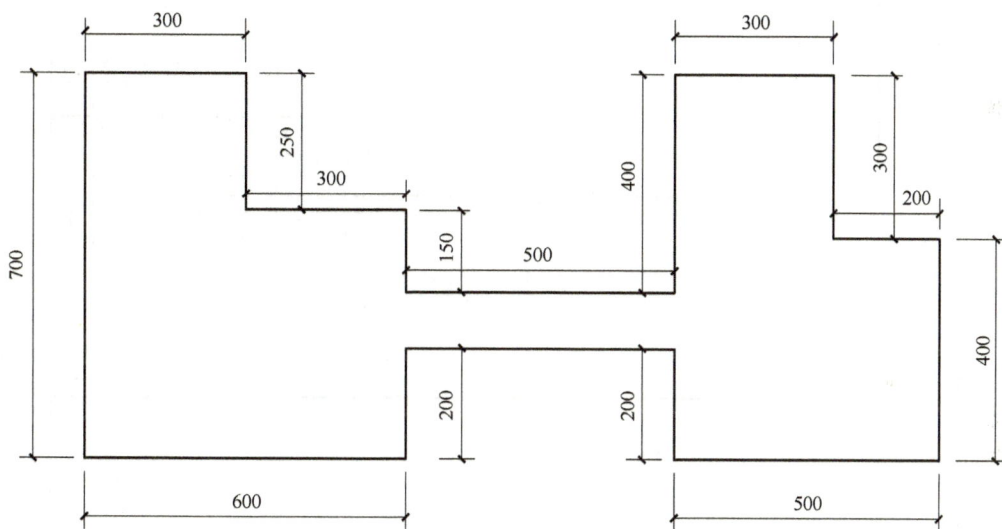

图 3-5 能力训练题二

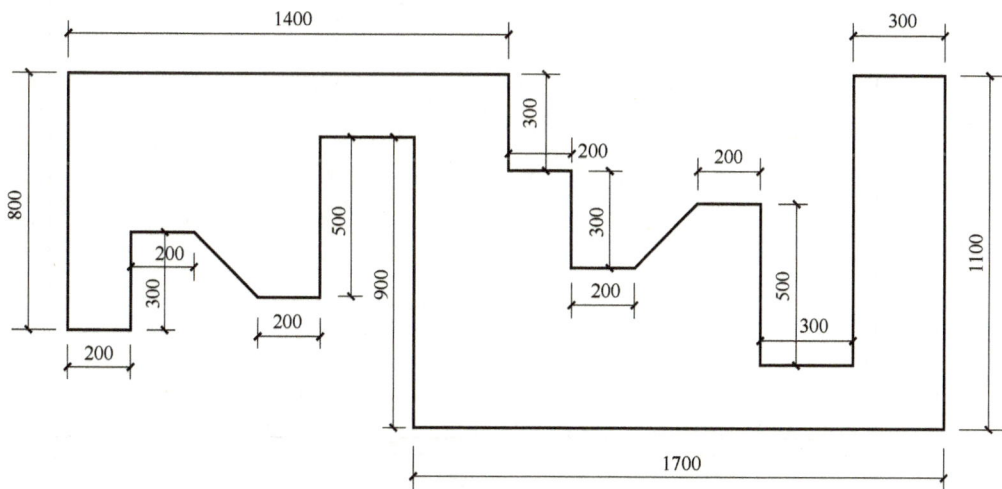

图 3-6 能力训练题三

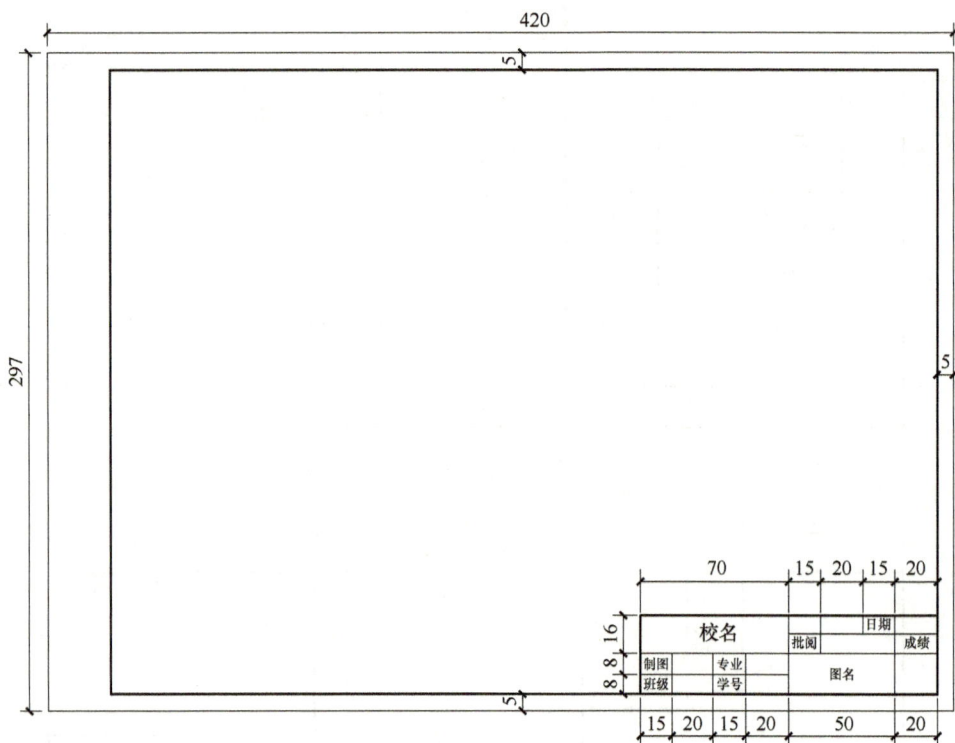

图 3-7　能力训练题四

| 70 | | 15 | 20 | 15 | 20 |

校名

日期

批阅

成绩

制图

专业

班级

学号

图名

| 15 | 20 | 15 | 20 | 50 | 20 |

图 3-8　能力训练题五

注： 图幅是指图纸幅面的大小规格。它分为横式幅面和立式幅面，常用图幅有 A0、A1、A2、A3 和 A4 五种规格。图幅与图框的大小有严格的规定，图纸以短边作为竖直边称为横式，以短边作为水平边称为立式，一般 A0~A3 图纸宜横式使用，必要时，也可立式使用，具体尺寸见表 3-1。

表 3-1　图幅及图框尺寸　　　　　　　　　　（单位：mm）

尺寸代码	幅面代号				
	A0	A1	A2	A3	A4
$b \times l$	841×1189	594×841	420×594	297×420	210×297
c		10			5
a			25		

任务二　绘制乘凉亭

1. 绘制多段线

多段线（PLINE）命令是由多个首尾相连的、相同或不同宽度的直线段或圆弧组成，一次命令运行绘制的是一个单一的整体，基本做法与直线相同。调用方法有：

1）单击下拉菜单栏"绘图"→"多段线"。

2）在"绘图"工具栏单击 按钮。

3）命令行输入 PLINE 或 PL 并确认。

绘制乘凉亭

激活命令→指定起点→指定下一点，此时出现一组选项，[ ] 内选项及含义如下：圆弧，即由画直线切换为画圆弧。进入画弧状态将出现另一组选项：指定圆弧端点（同两点画弧）。角度/圆心/（切线）方向/半径/第二点：均为画圆弧的某种方法。闭合：起点与端点用圆弧闭合。半宽：控制所画圆弧在起点和端点具有不同线宽。所输数值为真实线宽的一半。直线：由画弧状态切换成画直线状态。宽度：作用同半宽，但所输数值为真实线宽。闭合：使所画的多段线的起点和终点用直线闭合。半宽：控制直线的半宽。长度：可控制在上一段线上增加长度，有两种可能：上一段线为直线，则在延长线方向上增加指定长度；上一段线为圆弧，则在端点的切线方向上增加指定长度。宽度：控制多段线的宽度，可输入不同的起点宽度和终点宽度。

注： 可以利用半宽/宽度两个选项绘制建筑图中常用的箭头符号。多段线是一个整体图形，要对某一部分进行编辑，先用"分解"命令进行分解。分解后将失去其宽度，并变为独立的线段或圆弧。

2. 绘图步骤

通过本任务学习如何使用"多段线"命令绘制如图 3-9 所示乘凉亭。

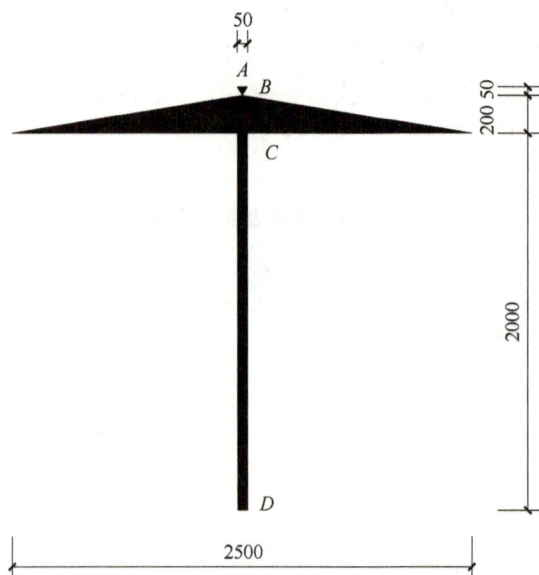

图 3-9　乘凉亭

步骤 1：首先将绘图单位设置为 mm，键盘输入 PL 并按空格键确认。

步骤 2：绘图区域点选任意一点作为起点 A。

步骤 3：命令行提示"PLINE 指定下一点或［圆弧（A）/半宽（H）/长度（L）/放弃（U）/宽度（W）］:"，输入 W 选择"宽度"选项。

步骤 4：命令行提示"PLINE 指定起点宽度 < 0. 0000 >:"，输入 50。

步骤 5：命令行提示"PLINE 指定端点宽度 < 50. 0000 >:"，输入 0。

步骤 6：命令行提示"PLINE 指定下一点或［圆弧（A）/半宽（H）/长度（L）/放弃（U）/宽度（W）］:"，指定 B 点位置。

步骤 7：命令行提示"PLINE 指定下一点或［圆弧（A）/半宽（H）/长度（L）/放弃（U）/宽度（W）］:"，输入 W 选择"宽度"选项。

步骤 8：命令行提示"PLINE 指定起点宽度 < 0. 0000 >:"，按空格键确认。

步骤 9：命令行提示"PLINE 指定端点宽度 < 0. 0000 >:"，输入 2500。

步骤 10：命令行提示"PLINE 指定下一点或［圆弧（A）/半宽（H）/长度（L）/放弃（U）/宽度（W）］:"，指定 C 点位置。

步骤 11：命令行提示"PLINE 指定下一点或［圆弧（A）/半宽（H）/长度（L）/放弃（U）/宽度（W）］:"，输入 W 选择"宽度"选项。

步骤 12：命令行提示"PLINE 指定起点宽度 < 2500. 0000 >:"，输入 50。

步骤 13：命令行提示"PLINE 指定端点宽度 < 50. 0000 >:"，按空格键确认。

步骤 14：命令行提示"PLINE 指定下一点或［圆弧（A）/半宽（H）/长度（L）/放弃（U）/宽度（W）］:"，指定 D 点位置，按空格键或 < Enter > 键结束命令。

注： 命令行提示中，"圆弧（A）"：进入多段线绘制圆弧的选项，指定圆弧的起点和端点；"半宽（H）"：多段线总宽度值的一半，在命令行提示输入起点和端点宽度时，用户输入相应的数值，可以绘制一条宽度渐变的线段或圆弧；"长度（L）"：沿着前一条线段绘制直线段，如果前一条线段为弧，将绘制与该圆弧相切的新线段；"放弃（U）"：删除最近一次添加到多段线上的直线段；"宽度（W）"：与半宽操作相同，只是输入的数值就是实际宽度，可以分别指定起点和端点的宽度。

3. 拓展知识点

直线、构造线、多段线的区别：

直线：有起点和端点的线。直线每一段都是分开的，画完以后不是一个整体，在选取时需要一条一条选取。

构造线：没有起点和端点的无限长的线。作为辅助线功能的，和 Photoshop 中的辅助线差不多。

多段线：由多条线段（可以是直线也可以是弧线，还可以是与直线和弧线等形状不同的线）组成一个整体的线段（可能是闭合的，也可能是非闭合的）。如果想选中该线段中的一部分必须先将其分解。同样，多条线在一起，也可以组成多段线。多段线每段都是连起来的，画完后是一个整体，并且多段线还可以绘制弧线。选取时，选取的是一个图形。

注： 1）多段线是一条完整的线，折弯的地方是一体，不像直线，线跟线端点相连，另外多段线可以改变线宽，使端点和尾点的粗细不一样，形成梯形，还有多段线可绘制圆弧，这是直线做不到的。

2）另外，对"偏移"命令，直线和多段线的偏移对象也不一样，直线是偏移单线，多段线是偏移图形。

4. 能力训练题

利用本任务学到的"多段线"命令，配合使用"正交"命令，绘制如图 3-10 和图 3-11 所示图形，注意选项 W 的灵活运用。

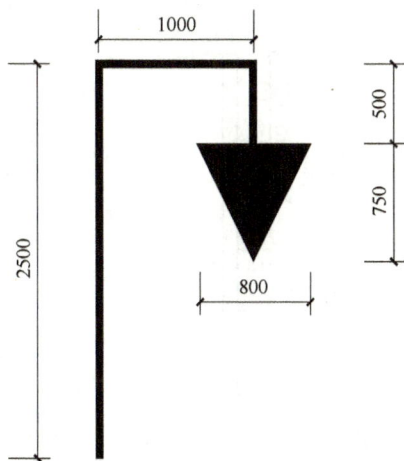

图 3-10　能力训练题一　　　　　图 3-11　能力训练题二

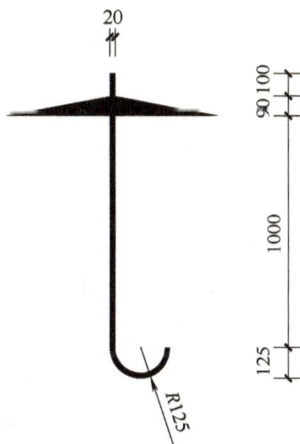

任务三　绘　制　门

1. 绘制矩形

绘制门

矩形（RECTANG）命令可以创建矩形形状的闭合多段线，用于门窗等矩形图形的绘制。调用方法有：

1）单击下拉菜单栏"绘图"→"矩形"。

2）在"绘图"工具栏单击 按钮。

3）命令行输入 RECTANG 或 REC 并确认。

默认画法：指定矩形对角线的两个端点。指定第一个角点：在此提示下，指定矩形的第一个角点。指定另一个角点：在此提示下，指定矩形的另一角点。可通过输入相对坐标形式来精确绘制，如"@1000，2200"（矩形长 1000mm，宽 2200mm）。

2. 绘制圆弧

圆弧（ARC）命令用来绘制门的开启方向。调用方法有：

1）单击下拉菜单栏"绘图"→"圆弧"。

2）在"绘图"工具栏单击 按钮。

3）命令行输入 ARC 或 A 并确认。

圆弧的要素：半径、角度（弧心角，圆弧两个端点与圆心连线的夹角）、弦长（圆弧两个端点连线的长度）。

"绘图"菜单下提供了 11 种不同的方式绘制圆弧。三点（起点→圆弧上一点→端点）；起点、圆心、端点；起点、圆心、角度；起点、圆心、长度（弦长）；起点、端点、角度；起点、端点、方向（起点的切线方向）；起点、端点、半径；圆心、起点、端点；圆心、起点、角度；圆心、起点、长度（弦长）；继续：紧接上次命令画弧，并且新画的圆弧自动以上次所画圆弧的端点作为新弧的起点。

3. 绘图步骤

通过本任务学习如何使用"矩形"和"圆弧"命令绘制如图 3-12 所示的门。

步骤 1：设置绘图单位为 mm 后，键盘输入 REC 并按空格键确认。

步骤 2：绘图区域点选任意一点作为起点 A。

步骤 3：命令行提示"指定另一个角点或［面积（A）/尺寸（D）/旋转（R）］:"，输入"50，-860"，即得 D；

步骤 4："绘图"→"起点、圆心、端点"，依次单击 E、D、B 即可。

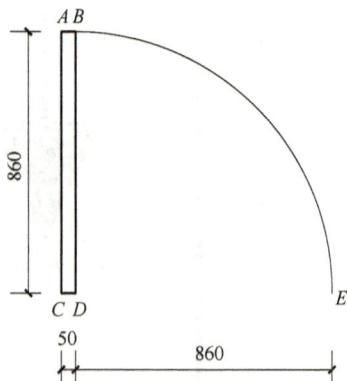

图 3-12　门

注：1）绘弧时注意的问题：角度的正负决定圆弧的旋转方向。默认为"逆正顺负"：正值为逆时针旋转；负值为顺时针旋转。定位点相同，但定位顺序不同（单击时的次序不同），得到的圆弧也不相同。在操作过程中，可以在［］中选择相应的选项，或右击选择相应命令；也可以从"绘图"＼"圆弧"菜单下选择相应顺序的命令来直接画弧。

2）绘制矩形过程中，命令行提示"RECTANG 指定第一个角点"：在此提示下，指定矩形的第一个角点。命令行提示"指定另一个角点"：在此提示下，指定矩形的另一角点。可通过输入相对坐标形式来精确绘制，如"@400，300"（矩形长400mm，宽300mm）。命令行提示"倒角（C）"：设置矩形四个边角的倒角距离。命令行提示"圆角（F）"：设置矩形四个边角的圆角距离。命令行提示"标高（E）"：指定矩形的标高。命令行提示"厚度（T）"：设置矩形的厚度。命令行提示"宽度（W）"：指定矩形的宽度。

4. 拓展知识点

镜像：把图形以镜像线为基准，对称复制出一个副本，适合作一些对称的图形，命令行输入"MI"调用镜像命令，如果想文字说明镜像后文字不倒置，可以将 MIRRTEXT 设置为0；镜像命令的操作过程为：激活命令→选择对象（可以多个）→指定镜像线第一点→指定镜像线第二点→选择是否删除对象，默认"否"→按＜Enter＞键确认即可。

注：镜像线实际上是不存在的，可通过捕捉等形式得到精确的位置。镜像线的位置不同，绘制出来的图形也不同。

分解：把一个整体图形进行分解，如等多边形、矩形等，使每条线成为独立的图形。分解后可对单独的某条线进行编辑，如偏移矩形的一条边。调用方式：单击下拉菜单"修改"→"分解"，或单击"修改"工具栏中"分解"按钮，或命令行输入 EXPLODE 或 X。

5. 能力训练题

利用本任务学到的"矩形""圆弧"和"镜像"命令绘制如图3-13和图3-14所示图形；灵活运用"矩形"命令的圆角选项和"镜像"命令绘制如图3-15所示图形；综合运用"矩形""直线""圆"和"镜像"命令绘制如图3-16所示图形。

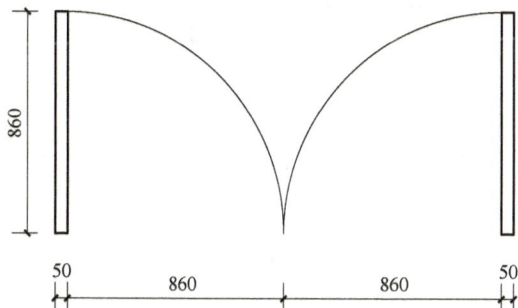

图3-13 能力训练题一

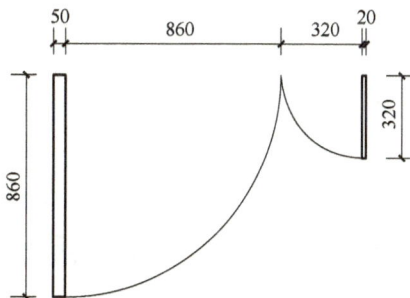

图3-14 能力训练题二

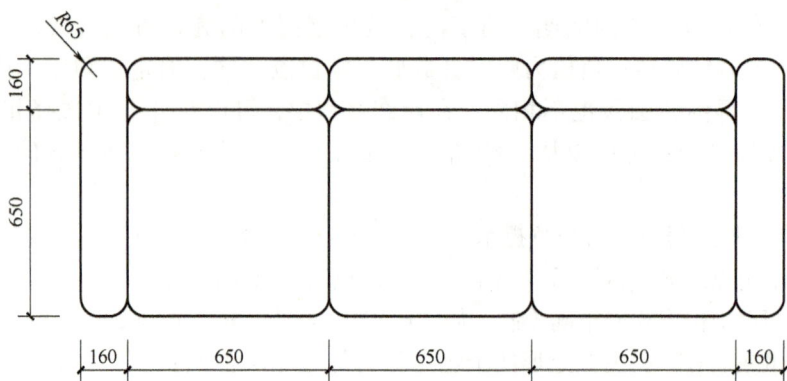

图 3-15　能力训练题三

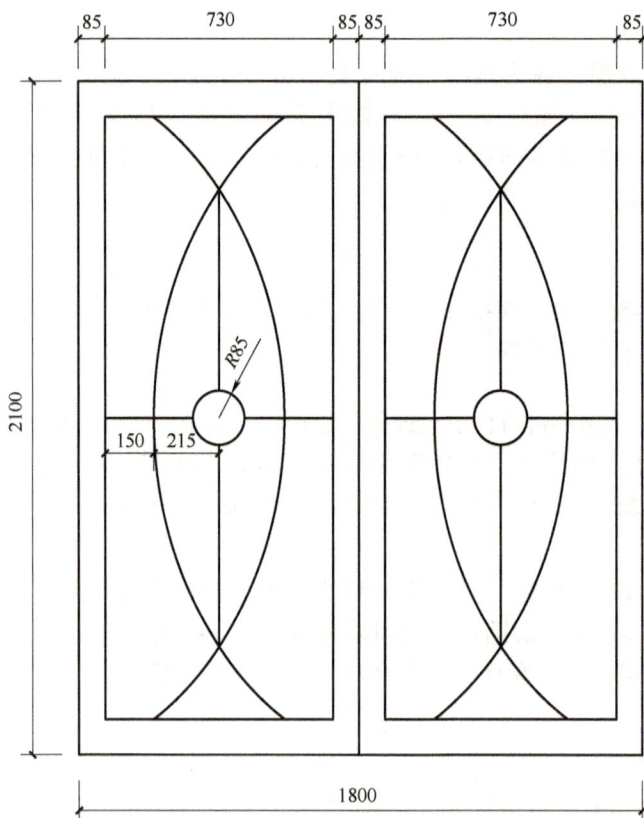

图 3-16　能力训练题四

任务四　绘制吊灯

1. 绘制圆

圆是常见的图形构成基础，在建筑及装饰图中圆也是最为常见的，很多形状的设计构件也是由圆来组成的。圆（CIRCLE）命令用于灯具等图形的绘制。调用方法有：

1）单击下拉菜单栏"绘图"→"圆"。

2）在"绘图"工具栏单击⊘按钮。

3）命令行输入 CIRCLE 或 C 并确认。

绘制吊灯

其中，指定圆的圆心为默认选项。输入圆心坐标或拾取圆心后，系统将提示输入圆的半径或直径值。三点（3P）：输入 3 个点绘制圆。两点（2P）：指定直径的两个端点绘制圆。相切、相切、半径（T）：指定两个切点，然后输入圆的半径绘制圆。

分别通过圆心、半径、直径和圆上的点等参数来控制。

① 圆心、半径。

② 圆心、直径。

③ 两点：通过定义圆周上的两点来画圆，并且此两点的连线为直径。

④ 三点：输入圆周上的 3 个点绘制圆。

⑤ 相切、相切、半径：画一个圆，同时与两个图形相切，选择对象时出现切点符号，切点符号所在的位置不一定是切点，系统会根据圆的半径自动确定切点。

⑥ 相切、相切、相切：画一个圆，同时与三个对象相切，是三点画圆的一个特例。

2. 偏移命令

偏移（OFFSET）命令创建与选定对象形状为相似形的图形对象。调用方法有：

1）单击下拉菜单栏"修改"→"偏移"。

2）在"修改"工具栏单击"偏移"按钮。

3）命令行输入 OFFSET 或 O 并确认。

操作过程：激活命令→输入偏移量→选择对象→在偏移一侧单击→按＜Enter＞键或右击结束，这是通过指定偏移距离来进行偏移；或激活命令→［通过（T）］：T 或右击，通过选择对象→指定通过点→按＜Enter＞键或右击结束，这是通过指定通过点来进行偏移。

注： 指定偏移方向时，用鼠标向上点，则向上复制；用鼠标向下点，则向下复制。单击远近与偏移位置无关，由指定的偏移量来决定。

3. 阵列命令

阵列（ARRAY）命令是以矩形、路径、极轴规律地创造对象的副本。调用方法有：

1）单击下拉菜单栏"修改"→"阵列"。

2）在"修改"工具栏单击品按钮。

3）命令行输入 ARRAY 或 AR 并确认。

矩形阵列是把图形在两个方向上，以一定间距进行大量复制，如图 3-17 所示。调用命令后，即弹出"阵列"对话框，行、列：阵列的行数、列数（包括原始对象）。行偏移：行与行之间的距离，指的是竖直方向（Y 轴方向）的距离。此间距是相对间距，是新位置相对于上一个位置的偏移量，即，间距值＝物体在这个方向的长度＋两个物体之间的空隙。列偏移：

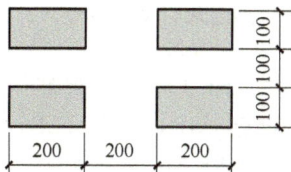

图 3-17　阵列

列与列之间的距离，指的是水平方向（X 轴方向）的距离。阵列角度：阵列方向与 X 轴的夹角，即把阵列的图形整体旋转一个角度，但单个物体的方向不改变。

> **注：** 当偏移量已知时可直接输入；若偏移量未知，则可以单击行偏移、列偏移后的拾取按钮，在作图窗口单击两个交点，以确定偏移量。当阵列角度未知时，可单击角度后的拾取按钮，在角度线上拾取两点，以确定阵列角度。行、列间距的数值可为正或负，若是正值，则沿 X、Y 轴的正方向形成阵列；反之则沿负方向形成阵列。阵列角度逆时针为正值，顺时针为负值。

　　环形阵列是把图形以某点为中心，在圆周方向进行复制。调用命令后，即弹出"阵列"对话框，中心点：圆心，作为旋转中心。项目总数：阵列的个数（包括原始对象）。填充角度：在多少度范围内复制图形。填充角度可为正数（逆时针填充），也可为负数（顺时针填充）。如填充角度为 90，表示在 90°圆心角的圆弧上阵列。复制时旋转项目：可决定是旋转复制还是单纯复制（不旋转方向）。

4. 绘图步骤

　　通过本任务学习如何使用"圆"和"阵列"命令绘制如图 3-18 所示客厅吊灯。

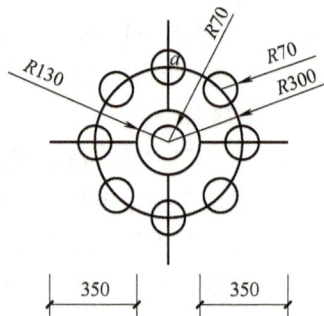

图 3-18　客厅吊灯

　　步骤 1：设置绘图单位为 mm 后，键盘输入 C，绘图区域任意位置单击指定圆心。

　　步骤 2：拖动鼠标向外指定圆半径为 70mm。

　　步骤 3：键盘输入 O，指定偏移距离为 60mm，按空格键后，选择刚刚绘制的半径为 70mm 的圆，向外拖动单击，即可得到半径为 130mm 的圆，或者重新调用圆命令 C，捕捉半径 70mm 的圆的圆心为圆心，向外拖动鼠标指定圆半径为 130mm，也可得到半径为 130mm 的圆。

　　步骤 4：键盘输入 C，捕捉半径 70mm 的圆的圆心，向外拖动鼠标指定圆半径为 300mm，或者依据步骤 3 的偏移得半径为 300mm 的圆。

　　步骤 5：键盘输入 L，指定第一点（半径为 130mm 的圆的四个象限点）后，指定下一点或［放弃（U）］：向上下左右分别画 350mm 的直线。

　　步骤 6：键盘输入 C，指定圆的圆心（a 点），指定圆的半径为 70mm。

　　步骤 7：键盘输入 AR，输入阵列类型［矩形（R）/路径（PA）/极轴（PO）］＜矩形＞：PO，选择夹点以编辑阵列或［关联（AS）/基点（B）/项目（I）/项目间角度（A）/填充角度（F）/行（ROW）/层（L）/旋转项目（ROT）/退出（X）］＜退出＞：I，输入阵列中的项目数或［表达式（E）］＜6＞：8，按空格键结束阵列命令。

> **注：** 1）绘制圆默认画法为指定圆的圆心及半径。命令行提示"指定圆的圆心或［三点（3P）/两点（2P）/切点、切点、半径（T）］"：在此提示下，如果输入 3P，则基于圆周上的三点绘制圆；如果输入 2P，则基于圆直径上的两个端点绘制圆；如果输入 T，则基于指定半径和两个相切对象绘制圆。

2）偏移命令行提示"当前设置：删除源 = 否　图层 = 源　OFFSETGAPTYPE = 0　指定偏移距离或〔通过（T）/删除（E）/图层（L）〕< 180. 0000 >"：在此提示下，直接输入偏移距离；"选择要偏移的对象，或〔退出（E）/放弃（U）〕< 退出 >"：在此提示下，选择要进行偏移的对象并确认；"指定要偏移的那一侧上的点，或〔退出（E）/多个（M）/放弃（U）〕< 退出 >"：在此提示下，指定对象的偏移方向即可。

3）阵列方式说明：矩形，控制行、列数目及行、列间距来创建对象副本；路径，沿路径或部分路径均匀分布对象副本，路径可以是直线、多段线、三维多段线、样条曲线、螺旋、圆弧、圆或椭圆；极轴，围绕圆中心点或旋转轴在环形阵列中均匀分布对象副本。

5. 拓展知识点

1）点命令：AutoCAD 中，可分为对图线进行定数等分和定距等分两种方法，在等分点处不仅可以插入点作为标记，也可以插入块。

调用方法："绘图"→"点"→"定距等分"；"绘图"→"点"→"定数等分"。

> **注：** 默认情况下，等分操作将在等分处插入点标记，一般情况下无法看到点标记，需要设置点样式来显示出来，再用节点捕捉获取点的位置，设置方法：单击"格式"→"点样式"。

2）圆环命令：用于绘制实心（填充）圆环或实心圆盘，在建筑上常用于画详图标号圈、圆柱截面等。

调用方法："绘图"→"圆环"；命令行输入 DONUT 或 DO。

指定圆环的内径：输入一个数值来确定圆环内径的大小，当内径为 0 时，可绘制实心圆。指定圆环的外径：输入一个数值来确定圆环外径的大小，外径必须大于内径，且外径不为 0。指定圆环的中心点：在绘制一个圆环后，提示"指定圆环的中心点"会不断出现，可以继续绘制多个相同的圆环，直到按 < Enter > 键或右击结束命令为止。

6. 能力训练题

利用本任务学到的"圆""阵列（矩形）"命令绘制如图 3-19 和图 3-22 所示图形；利用"圆""阵列（极轴）"命令绘制如图 3-20 所示图形；利用"矩形""定数等分""直线"和"阵列（极轴）"命令绘制如图 3-21 所示图形。

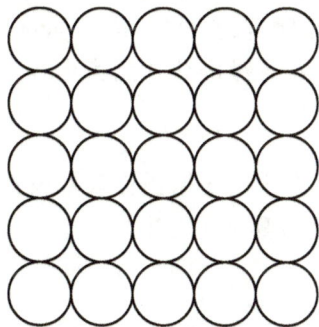

图 3-19　能力训练题一

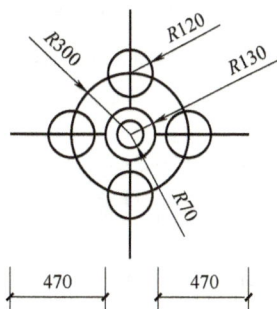

图 3-20　能力训练题二

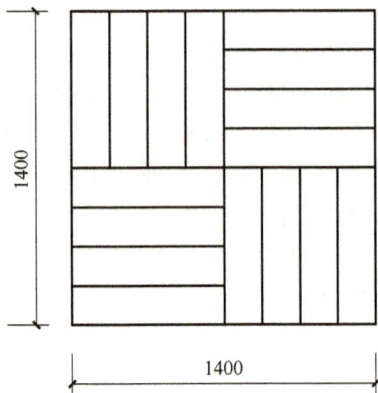

图 3-21 能力训练题三

图 3-22 能力训练题四

任务五 绘制地面拼花图

1. 绘制正多边形

绘制地面拼花图

绘制边数为 3~1024 的正多边形。调用方法有：

1）单击下拉菜单栏"绘图"→"正多边形"。

2）在"绘图"工具栏单击 ⬠ 按钮。

3）命令行输入 POLYGON 或 POL 并确认。

2. 填充命令

在建筑装饰施工图中往往需要对图形中的特定区域填充指定的图案，从而表达该区域的特征，如地面铺装材料、墙体特征等，这种操作在 AutoCAD 中称为图案填充。调用方法有：

1）单击下拉菜单栏"绘图"→"图案填充"。

2）在"绘图"工具栏单击 ▨ 按钮。

3）命令行输入 HATCH 或 H 并确认。

激活命令后弹出"边界图案填充"对话框，选择"图案填充"选项卡，单击"图案"下拉列表框右边的"三点"按钮，打开"填充图案选项板"对话框，选择填充图案，设置边界条件，返回"边界图案填充"对话框，单击"拾取点"按钮，系统提示"拾取内部点"，单击填充区域中的一点，系统将会自动寻找一个闭合的边界，按 <Enter> 键返回，进行填充预览，观察填充后的预览图，满意则按 <Enter> 键确认并结束命令；不满意则按 <Esc> 键返回对话框，调整"比例"或"角度"。

注：被填充的图形必须是一个封闭的区域，填充比例根据预览效果设置合适数值，其中，数值越大，图案越稀疏（大）；数值越小，图案越密实（小）。

"边界图案填充"对话框中的常用选项：

"选择对象"：单击后可选择一些对象作为填充边界，此时无需对象构成闭合的边界。

"删除孤岛"：填充边界中常常包含一些闭合区域，这些区域称为孤岛。若希望在孤岛中也填充图案，则单击此按钮，选择孤岛图形。

> 注：填充的图案是一个整体，不能进行局部修改。创建无完整边界的填充图案时，可以在封闭的区域中填充图案，然后删除部分或全部边界对象。填充时要注意图案的比例，不同的比例可以增加或缩短图案的间距。如果比例过大，可能看不到图案。设置了图案的倾斜角度，图案会逆时针方向旋转指定角度。

如果觉得图案不合适，可以通过单击下拉菜单"修改"→"图案填充"，或单击"修改Ⅱ"工具栏中的"编辑图案填充"按钮，或命令行输入 HATCHEDIT 或 HE 进行图案编辑。

3. 旋转命令

绕指定点旋转对象。调用方法有：

1）单击下拉菜单栏"修改"→"旋转"。

2）在"修改"工具栏单击 ○ 按钮。

3）命令行输入 ROTATE 或 RO 并确认。

在调用过程中，如果已知角度，则激活命令→选择对象→指定基点→输入选择角度→按<Enter>键或右击确认。角度未知，但其中一边旋转到的新位置已知，则激活命令→选择对象→指定基点→［参照（R）］：R，或右击，参照→提示指定参照角，则在旋转边的两个顶点上单击，拾取原来的角度→提示指定新角度，则捕捉新的角度，单击即可。

> 注：基点的旋转与旋转后的新位置有关，因此，应根据绘图需要准确捕捉基点，且基点最好选择在已知的对象上。若输入的旋转角度为正，图形将逆时针旋转；否则，将顺时针旋转。

4. 缩放命令

比例缩放是把一个图形以基点为准，按指定的比例因子在实际尺寸上进行放大或缩小。比例因子在 0~1 之间，则将图形缩小；比例因子大于 1，则将图形放大。调用方法有：

1）单击下拉菜单栏"修改"→"缩放"。

2）在"修改"工具栏单击 □ 按钮。

3）命令行输入 SCALE 或 SC 并确认。

调用过程中，输入比例因子法：激活命令→选择对象→指定基点→指定比例因子；参照缩放法（知道其中一边要放大或缩小到的长度）：激活命令→选择对象→指定基点→［参照（R）］：R，或右击，参照→提示指定参照长度，则拾取原来的长度→指定新长度，则拾取放大或缩小到的点。

> 注：基点最好选择在图形的几何中心或特殊点上。比例缩放与缩放命令的不同：比例缩放是将图形实际尺寸进行放大或缩小；缩放命令仅对图形显示进行缩放，并不改变图形的实际尺寸大小。

5. 绘图步骤

通过本任务学习如何使用"正多边形"和"填充"命令绘制如图 3-23 所示地面拼花图案。

步骤 1：设置绘图单位为 mm 后，键盘输入 POL，输入侧面数 6，绘制正六边形，具体操作为

命令：POL（POLYGON）

输入侧面数 <6>：

指定正多边形的中心点或［边（E）］：

输入选项［内接于圆（I）/外切于圆（C）］<I>：外切于圆

打开正交（F8）。

指定圆的半径：<正交开>400

按空格或 <Enter> 键结束命令。

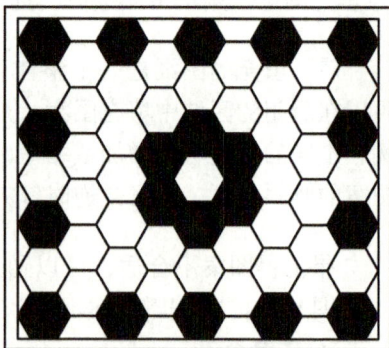

图 3-23　地面拼花图案

步骤 2：复制 7 排 9 列图案，具体操作为

命令：指定对角点或［栏选（F）/圈围（WP）/圈交（CP）］：

命令：CO

复制完成第一列竖向正多边形，再选中第一整列，同样的方法复制完成 7 排 9 列图案正多边形。

命令：利用命令 X 炸开并删除下面多余部分。

步骤 3：绘制矩形外框，具体操作为打开 F11（对象捕捉追踪功能），利用命令 REC 绘制图案最外框矩形。

步骤 4：偏移矩形外框，具体操作为

命令：利用命令 O 偏移 200mm 的距离完成图案矩形外框。

步骤 5：填充图案填充部分，具体操作为

命令：利用命令 H 完成图案填充部分，地面拼花图案完成。

颗粒素养

在建筑装饰 CAD 中，熟练掌握怎么绘制线条、绘图环境、修改命令、基础设置、打印出图、制图规范等基本操作，通过反复训练操作，完成基础训练与实践领域相结合，这就是一种工匠精神。工匠精神不是因循守旧、拘泥一格的匠气，而是在坚守中寻求突破、实现创新。把工匠精神融入课堂学习和训练的每一个环节，敬畏职业、追求完美。

注：1）正多边形（POL）命令行提示"POLYGON 输入侧面数 <4>"：此时输入多边形边数；"指定正多边形的中心点或［边（E）］"：单击正多边形的中心位置；"输入选项［内接于圆（I）/外切于圆（C）］"：选择内接于圆（I）/外切于圆（C）；"指定圆的半径"：输入圆的半径，确定；"边（E）"：用于绘制固定边长的正多边形；"内接于圆（I）"：指定正多边形外接圆的半径，正多边形的所有顶点都在此圆周上；"外切于圆（C）"：指定正多边形外切圆的半径，正多边形中心点到各边中点的距离。

2）填充（H）命令行提示"拾取内部点或［选择对象（S）/删除边界（B）］"：选择要填充对象或拾取闭合图形内部点、指定填充的类型和图案、指定填充图案的角度和比例、指定填充图案的起始点位置，参照图 3-24。

3）旋转（RO）命令行提示"选择对象"：旋转要旋转的对象；"指定基点"：指定旋转角度，或"［复制（C）/参照（R）］<0＞"：指定基点和旋转角度，或选择指定角度并复制图形，或选择参照已有角度旋转。

4）缩放（SC）命令行提示"选择对象"：选择要缩放的对象；"指定基点"：指定缩放的基点；"指定比例因子或［复制（C）/参照（R）］"：比例因子大于1时为放大，比例因子小于1时为缩小，或选择指定缩放比例并复制图形，或选择参照已有长度缩放对象。

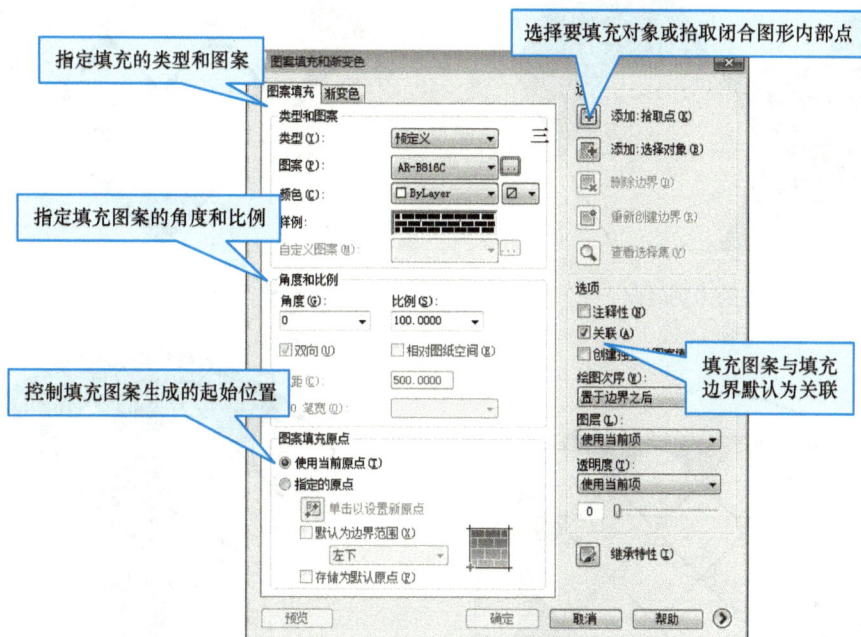

图 3-24 　"图案填充和渐变色"对话框

6. 拓展知识点

移动：调用方法为单击下拉菜单"修改"→"移动"，或单击"修改"工具栏"移动"按钮，或命令行输入 M，激活命令→选择物体→选择基准点→定位移动位置。

移动位置的准确定位方法：利用捕捉功能，通过基准点精确定位新位置（注意基点位置的选择）或输入间距值（指定图形新位置相对于原始位置的方向），然后输入间距值或输入相对坐标（输入图形的新位置相对于原始位置的相对坐标）。

拉伸：可以拉长、缩短或移动图形对象。调用方法为单击下拉菜单"修改"→"拉伸"，或单击"修改"工具栏"拉伸"按钮，或命令行输入 STRETCH 或 ST。

注：选择对象时使用交叉窗口选择，即从右下向左上选择。只选择要变形的部分。位于交叉窗口内的对象端点被移动，而窗口外的对象端点保持不变。选择哪些线，哪些线被变形；没选择的不变形。若选择的图形对象顶点都在交叉窗口中，则图形对象将被移动；若选择的图形对象与交叉窗口相交，则图形对象将被拉伸或缩短。如果将图形进行了全选，则此操作相当于移动操作。拉伸还可以进行角度上的变化。有些图形不能用拉伸命令进行拉伸，如圆、图块和文本。

7. 能力训练题

利用本任务学习的"正多边形"和"填充"命令绘制如图 3-25 ~ 图 3-28 所示图形。

图 3-25　能力训练题一

图 3-26　能力训练题二

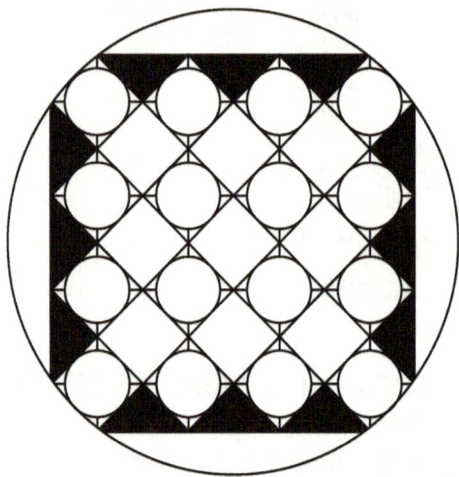

图 3-27　能力训练题三

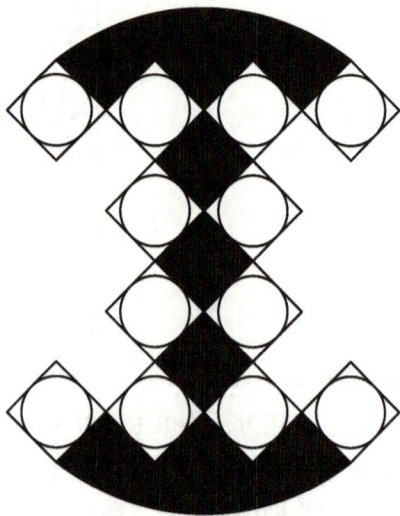

图 3-28　能力训练题四

任务六　绘制立面柜子

1. 复制

复制（COPY）命令可以将文件图形从一处拷贝一份完全一样的到另一处，而原来的一份仍然保留。调用方法有：

1）单击下拉菜单栏"修改"→"复制"。

2）在"修改"工具栏单击 按钮。

3）命令行输入 COPY 或 CO 并确认。

绘制立面柜子

复制位置的准确定位方法：

1）用捕捉功能：通过基准点精确定位新位置（注意基点位置的选择）。

2）输入间距值：指定新复制的图形相对于原始图形的方向，然后输入间距值。

间距值为复制的图形相对于原始图形之间的相对距离，等于物体在这个方向的长度 + 两个物体之间的空隙，如图 3-29 所示。

3）输入相对坐标：输入新复制的图形相对于原始图形的相对坐标，如图 3-30 所示。

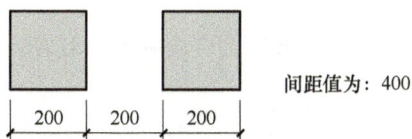

间距值为：400

图 3-29　间距值

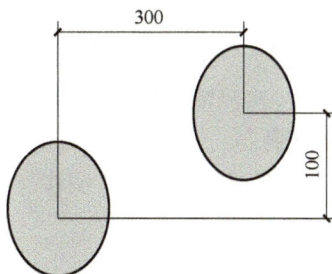

图 3-30　相对坐标

物体在两个方向移动，可通过输入相对坐标的方法，一次复制多个对象的方法：激活命令→选择物体→［重复（M）］：M→选择基准点→定位复制位置→按 <Enter> 键或右击结束。

2. 偏移

偏移（OFFSET）命令可以创建与选定对象形状为相似形的对象。调用方法有：

1）单击下拉菜单栏"修改"→"偏移"。

2）在"修改"工具栏单击 按钮。

3）命令行输入 OFFSET 或 O 并确认。

调用过程中，指定偏移距离：激活命令→输入偏移量→选择对象→在偏移一侧单击→按 <Enter> 键或右击结束；指定通过点：激活命令→［通过（T）］：T 或右击，通过→选择对象→指定通过点→按 <Enter> 键或右击结束。

> **注：** 指定偏移方向时，用鼠标向上点，则向上复制；用鼠标向下点，则向下复制。单击远近与偏移位置无关，由指定的偏移量来决定。

3. 修剪

修剪（TRIM）命令可以通过修剪对象，使它们精确地终止于其他图形对象定义的边界。调用方法有：

1）单击下拉菜单栏"修改"→"修剪"。

2）在"修改"工具栏单击 按钮。

3）命令行输入 TRIM 或 TR 并确认。

调用过程中：激活命令→选择对象（所选对象为修剪边界）→选择要修剪的对象→按 <Enter> 键确认。

> **注：**当修剪对象拥有相同的修剪边界，且规则排列，需要大量修剪时，在选择修剪对象时，可用栏选的方法：在命令行输入 F，用光标在要修剪的部分移动画线；如果对象不规则排列，难以选择修剪边界时，可不选择，直接按 <Enter> 键（默认为全选），系统将自动寻找边界；默认情况下，被修剪后剩下的单独图形是不可用修剪命令删除。要删除，需调用删除命令。

修剪命令可以去掉对象端部的一部分，也可以去掉中间的一段。一个对象既可被选为剪切边（修剪边界），也可同时被选为修剪对象。修剪目标的选择需用点选，也可用栏选，而不能用窗选，一次只能修剪一个对象。

4. 绘图步骤

通过本任务学习如何使用"偏移""修剪""复制""镜像"命令绘制图 3-31 所示立面柜子。

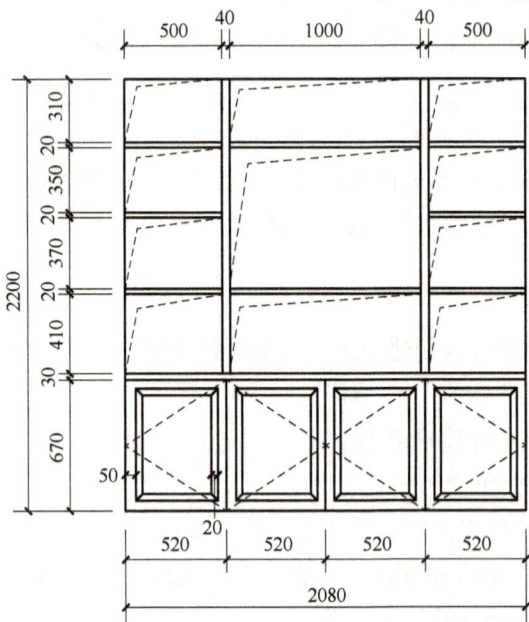

图 3-31　立面柜子

步骤 1：设置绘图单位为 mm 后，首先偏移柜体结构，键盘输入 REC，调用"矩形"命令，输入"@2080, 2200"。

键盘输入 L（LINE），调用"直线"命令，鼠标左键悬在左上角点，向右输入 500 画直线。

键盘输入 O（OFFSET），调用"偏移"命令，指定偏移距离 40mm，偏移 40mm 得柜体板厚度，同理，向右偏移 1000mm、40mm。

键盘输入 L（LINE），调用"直线"命令，鼠标左键悬在左上角点，向下 310 画直线。

键盘输入 O（OFFSET），调用"偏移"命令，指定偏移距离 20mm 得柜体板厚度，同理，向下偏移 350mm、20mm、370mm、20mm、410mm、30mm，得到如图 3-32 所示的柜体结构图。

步骤2：修剪柜体多余线条，键盘输入 TR，调用"修剪"命令，按空格键选择全部，修剪掉多余的线，得到如图 3-33 所示的柜体图。

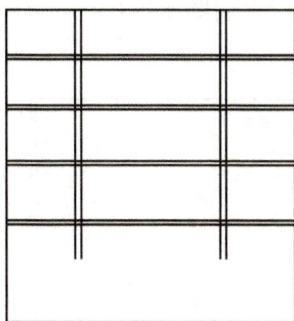

图 3-32　柜体结构图　　　　　　图 3-33　柜体图

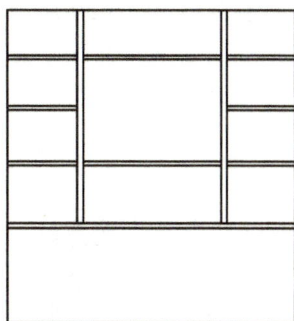

注：修剪过程中配合转动滚轮缩放图形。

步骤3：绘制柜门，键盘输入 REC（RECTANG），调用"矩形"命令，点左下角绘制矩形（@520，670）。

键盘输入 O（OFFSET），调用"偏移"命令，指定偏移距离50mm，将刚绘制的矩形向内偏移50mm 得柜门。

键盘输入 O（OFFSET），调用"偏移"命令，指定偏移距离20mm，得单个柜门，依次复制或镜像得四个柜门，如图 3-34 所示。

步骤4：绘制柜子开洞，加载虚线，键盘输入 L，调用"直线"命令绘制柜子开洞，如图 3-35 所示。

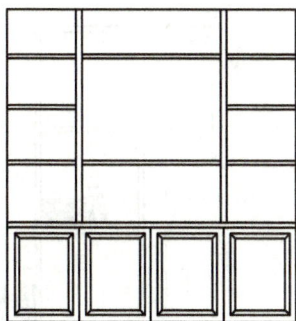

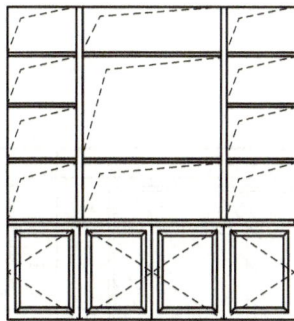

图 3-34　柜门　　　　　　图 3-35　加载虚线

注：1）相同图案的开洞可以复制或镜像完成。

2）复制命令行提示：选择对象→确认（指定基点）→复制。使用多个选项可以一次复制多个对象或者多次复制同一对象。

3）偏移命令行提示：指定偏移距离、偏移对象或使偏移对象通过一点。

4）修剪命令行提示：指定要修剪的对象范围或全部。可以按空格键选择全部进行修剪，也可以按住 <Shift> 键延伸选择对象。

5. 能力训练题

根据本任务绘制立面柜子的步骤，利用"矩形""偏移""虚线线型""阵列"或"复制"命令绘制如图 3-36 ~ 图 3-39 所示图形（网上搜索立面图库进行相应陈设的添加）。

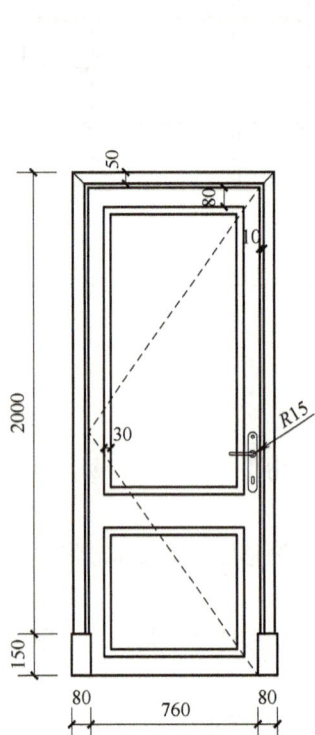

图 3-36　能力训练题一

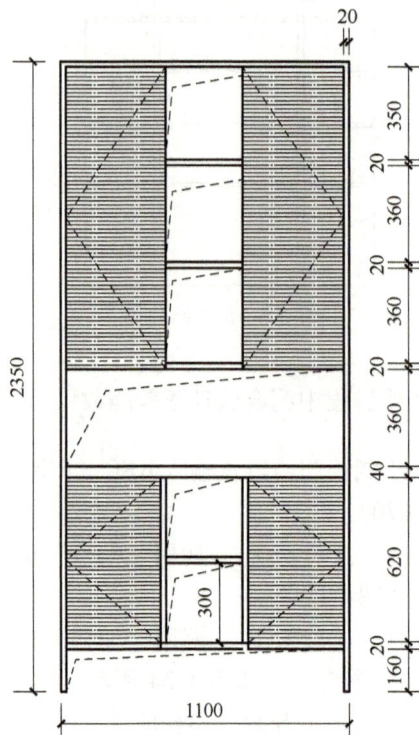

图 3-37　能力训练题二

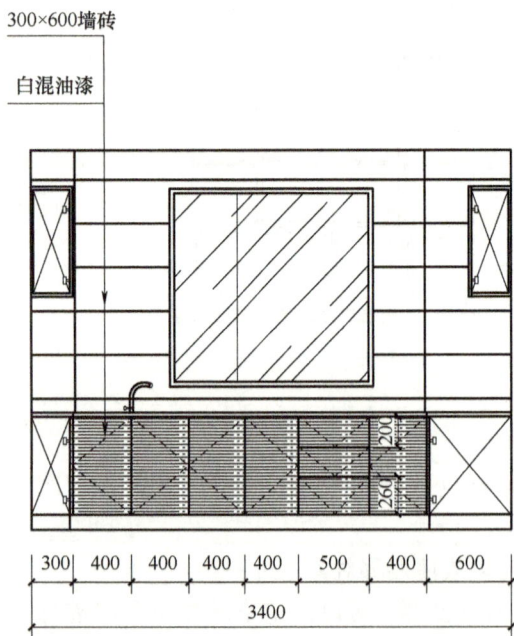

图 3-38　能力训练题三

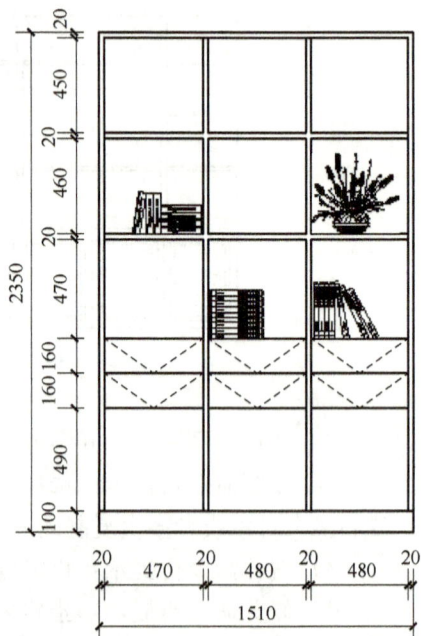

图 3-39　能力训练题四

任务七　绘制室内常用符号

1. 块的创建和使用

在设计绘图时，经常需要多次重复绘制一些相同或相似图形或符号，在 AutoCAD 中可以将这些对象制作成块，需要时直接调用插入即可，大大提高了绘图效率，避免重复绘制相同的图形而占用大量的时间，而且便于统一修改。

绘制室内常用符号

块是一个或者多个对象组成的对象合集，常用于绘制复杂、重复的图形。一旦一组对象组合成块，就可以根据作图需要将这组对象插入到图中任意指定位置，而且还可以按不同的比例和旋转角度插入。在 AutoCAD 中，使用块可以提高绘图速度、节省存储空间、便于修改图形。调用方法有：

1）单击下拉菜单栏"绘图"→"块"→"创建"。

2）在"绘图"工具栏单击 ⬚ 按钮。

3）命令行输入 BLOCK 或 B 并确认。

调用后将打开"块定义"对话框，可以将已绘制的对象创建为块，如图 3-40 所示。

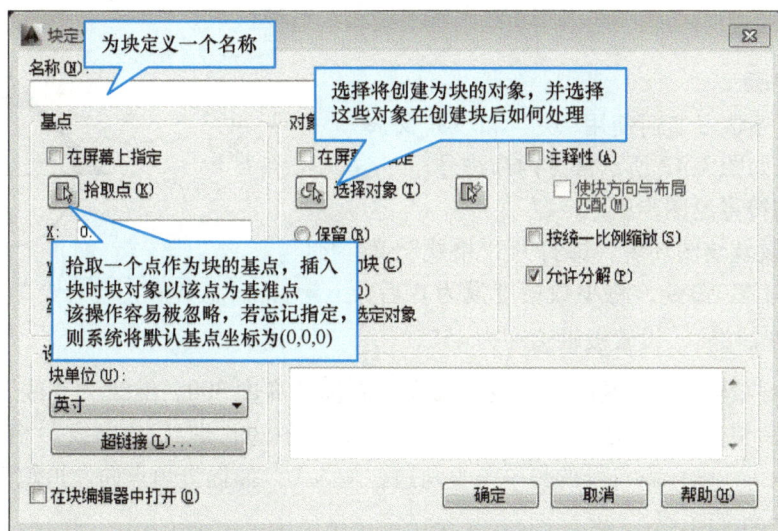

图 3-40 "块定义"对话框

2. 属性定义

有时，需要在图上标示构件的编号、型号、注释等（如轴号），或者制作一个标高、内视符号的块，希望在插入时能提示填写信息，此时可以使用块属性。

块属性是将数据附着到块上的标签或标记，是附属于块的非图形信息，是块的组成部分。在定义一个块时，属性必须预先定义后才能创建块。通常属性用于在块的插入过程中进行自动注释。调用方法有：

1）单击下拉菜单栏"绘图"→"块"→"定义属性"。

2）命令行输入 ATTDEF 或 ATT 并确认。

调用块属性命令，弹出块属性对话框如图 3-41 所示。

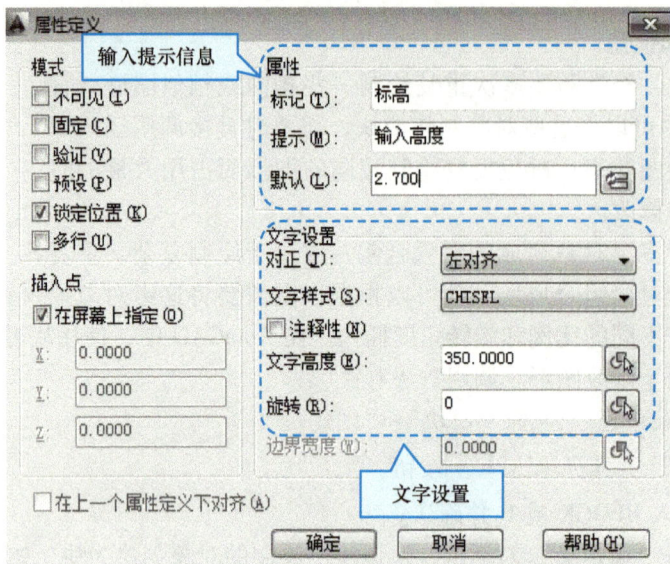

图 3-41　"属性定义"对话框 1

3. 绘图步骤

通过本任务学习如何使用"块"和"定义属性"命令绘制如图 3-42 所示常见内饰符号。

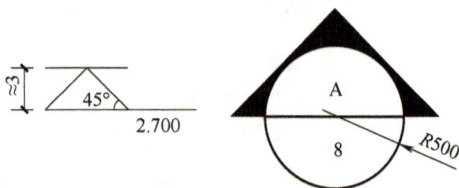

图 3-42　内饰符号

（1）标高符号绘图步骤

步骤 1：设置绘图环境，即打开"格式"菜单，选择"单位"命令，将小数精度设为 0 后，右击 （角度捕捉），设置极轴追踪为 45°。

步骤 2：键盘输入 L，调用"直线"命令，画标高高度 300，继续"直线"命令向左下45°，捕捉追踪与 X 轴的交点画标高符号的一条直角边，继续"直线"命令沿 X 轴画1800mm，输入 L，画标高符号的另一条直角边，输入 L，捕捉直角点向左追踪300mm，然后沿 X 轴画 600mm 的距离。

步骤 3：输入 ATT，弹出如图 3-41 所示对话框，按图 3-41 设置"属性"和"文字"然后按"确定"按钮。

步骤 4：把 2.700 放到标高符号下面的位置，选择标高符号和高度；输入 B 确定，设置块"名称"和"拾取点位置"，然后确定；弹出"属性定义"对话框然后单击"确定"按钮。

（2）内饰符号绘图步骤

步骤 1：输入 C，制定圆心，绘制半径为 500mm 的圆。

步骤 2： （对象捕捉）按钮上右击，设置打开圆心捕捉。按 <F8> 键打开正交，捕捉圆心，输入 L，沿 X 轴正负方向，各画一条距离为 850mm 的直线，继续执行"直线"命令，捕捉圆心，沿 *Y* 轴追踪 850mm 距离，分别向 *X* 轴两端画直线。

步骤 3：键盘输入 H，调用"填充"命令，填充圆外三角形图案。

步骤 4：键盘输入 ATT，按空格键确认，按照图 3-43 设置属性和文字，然后按"确定"按钮。把属性文字放置圆内。全选输入 B 创建块，块名称为"内饰符号"即完成。

图 3-43　"属性定义"对话框 2

4. 拓展知识点

极轴：手工绘图时，需要丁字尺和三角板来绘制水平线、铅垂线或者一定角度的线。在 AutoCAD 中，使用正交工具可以将光标限制在水平或竖直方向上移动，使用极轴追踪工具则可以将光标限制在指定角度上进行移动。调用方法有：

1）单击 或按 <F10> 键，切换开启和关闭状态。

2）"工具"→"草图设置"或右击 可打开"草图设置"对话框，进行角度设置，如图 3-44 所示。

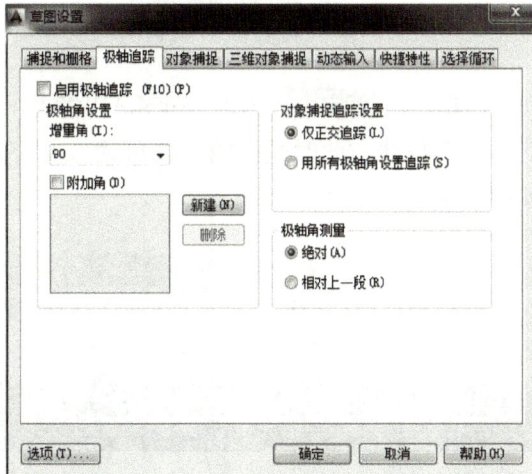

图 3-44　"草图设置"对话框

角度标注：调用方法为"标注"菜单→"角度"按钮。

半径标注：调用方法为"标注"菜单→"半径"按钮。

表格概念：在工程制图中往往有些设计内容需要用表格来表达，如图纸目录、材料表、图例表等。在早期版本的 AutoCAD 中需要使用直线和文字对象来手动创建表，而从 AutoCAD 2006 开始提供了表格工具，可以快速创建表格，并可在表格的单元中添加内容。调用方式有：

1）菜单栏："绘图"→"表格"。

2）工具栏："绘图"→⊞。

3）命令行：TABLE。

调用表格命令后，弹出"插入表格"对话框，如图 3-45 所示，可以通过选择内置的表格样式来选择表格的外观，也可以自行设置表格外观。

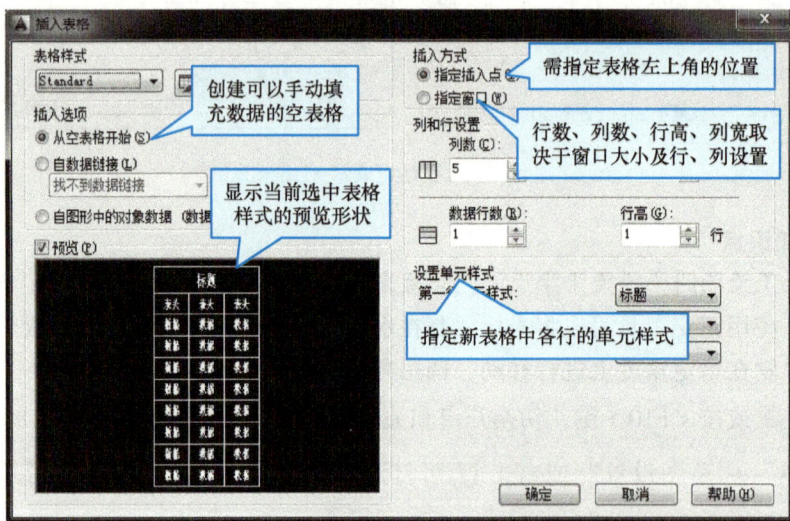

图 3-45 "插入表格"对话框

设置所需的行数、列数后单击 确定 按钮，AutoCAD 将提示用户指定插入点，而后在绘图区域根据设定自动绘制表格线，此时光标闪动处可输入文字数据，并提供"文字格式"工具栏进行调整，如图 3-46 所示。

图 3-46 根据设定自动绘制的表格

表格创建完成后，用户可以单击该表格上的任意网格线以选中该表格，然后通过使用"特性"选项板或夹点来修改该表格的形状和位置，如图 3-47 所示。

用户还可以对表格进行复制、粘贴操作，或添加、删除行（列）的操作，行（列）、单元格的合并也是常用的操作，这些操作均可通过选中表格或单元格后右击弹出的快捷菜单来实现，如图 3-48 所示。

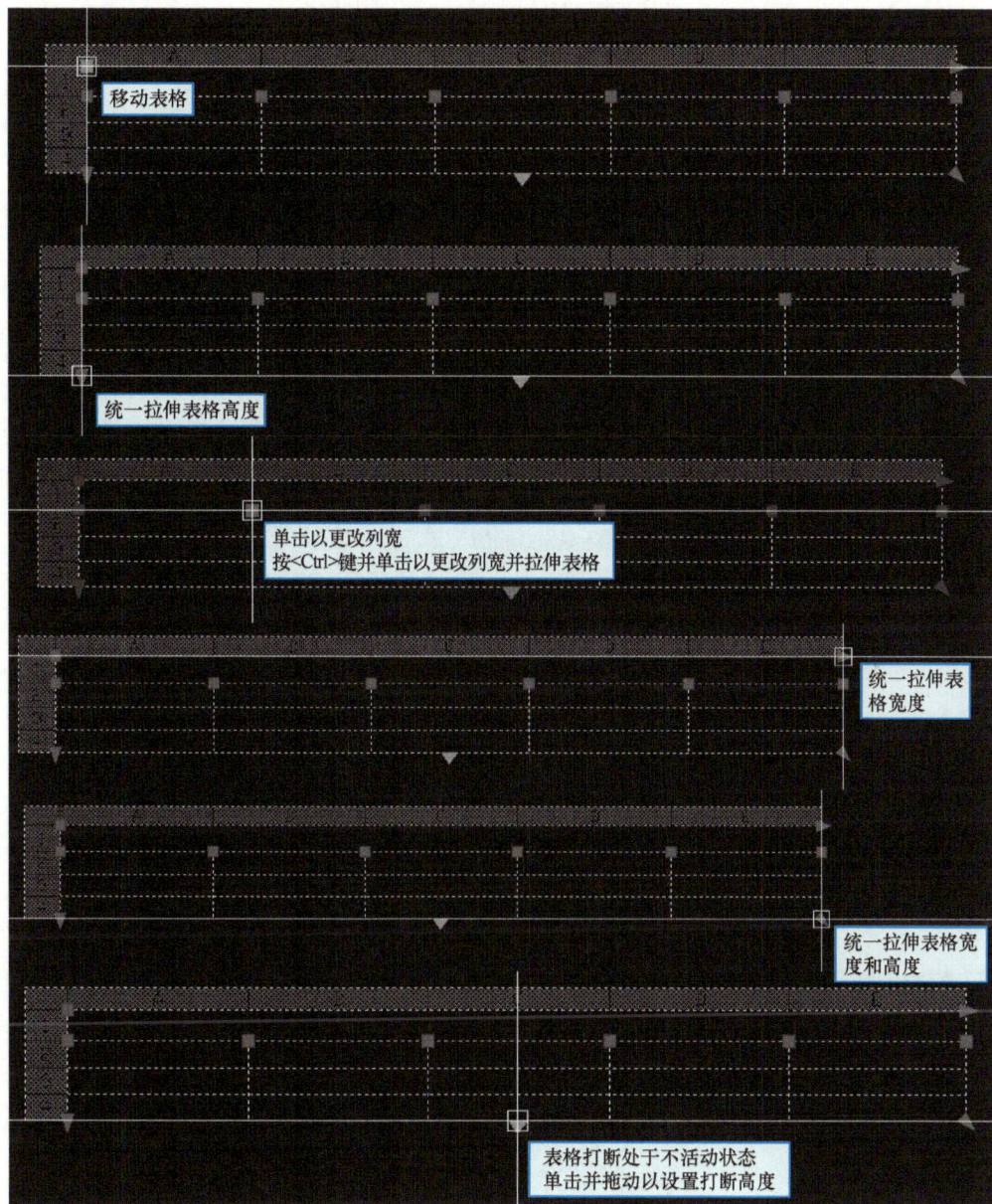

移动表格

统一拉伸表格高度

单击以更改列宽
按<Ctrl>键并单击以更改列宽并拉伸表格

统一拉伸表格宽度

统一拉伸表格宽度和高度

表格打断处于不活动状态
单击并拖动以设置打断高度

图 3-47　表的修改

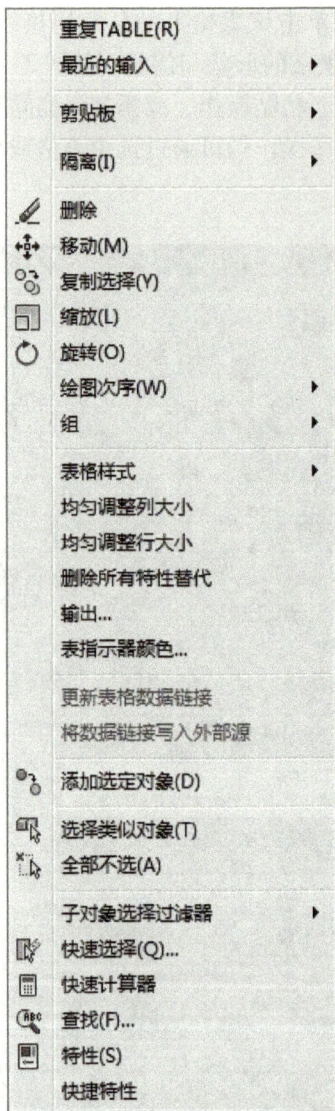

图 3-48　表格的右键快捷菜单

5. 能力训练题

利用学过的命令绘制如图 3-49 所示图形，并将其进行成块操作的练习；利用"表格"和"单行文本"命令绘制如图 3-50 所示图形。

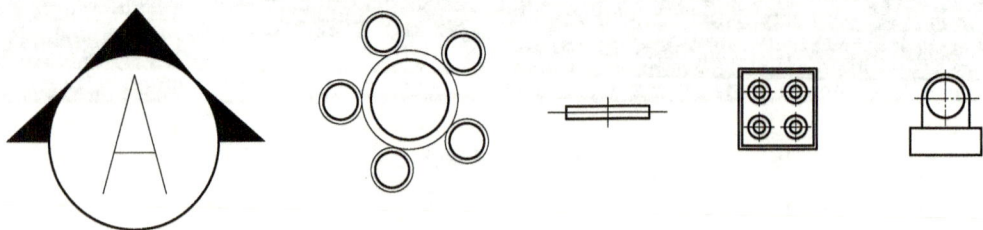

图 3-49　能力训练题一

图例	说明	备注
⊕	筒灯	
⊕	射灯	
- - - -	灯带	
	吊灯	
	壁灯	
	LED面板灯	

图 3-50　能力训练题二

任务八　多线绘制建筑平面图

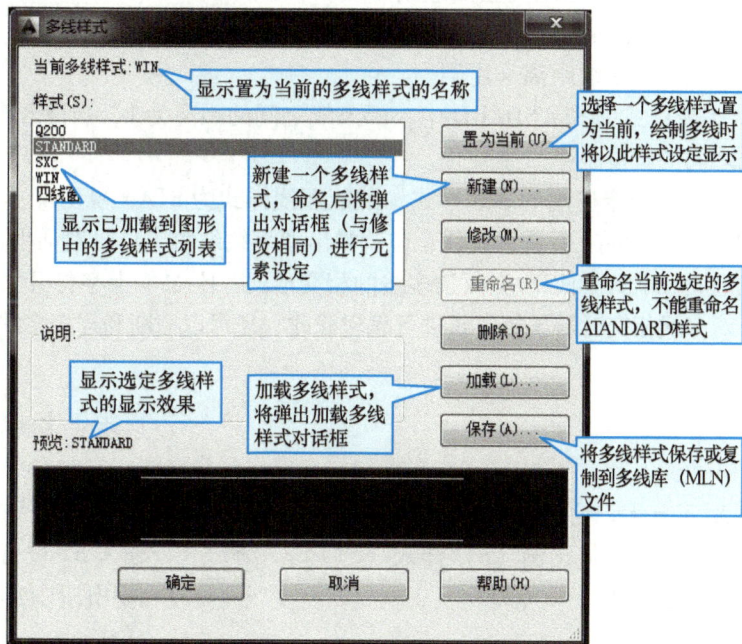

1. 绘制多线

多线是由多条相互平行的直线构成的组合图形，在建筑制图中，它多用于墙体、窗等对象的绘制。绘制的"多线"由"多线样式"所决定，故使用多线绘制时，首先确认或调整"多线样式"，设置完成后，可绘制多线，然后再对多线交叉处进行编辑。调用方法有：

1）单击下拉菜单栏"绘图"→"多线"。

2）命令行输入 MLSTYPE 或 ML 并确认。

调用多线样式将弹出"多线样式"对话框，含义如图 3-51 所示。

多线绘制建筑平面图

图 3-51　"多线样式"对话框

单击"新建"或"修改"按钮后，弹出对话框让用户对多线中的各元素进行设置，如图 3-52 所示。

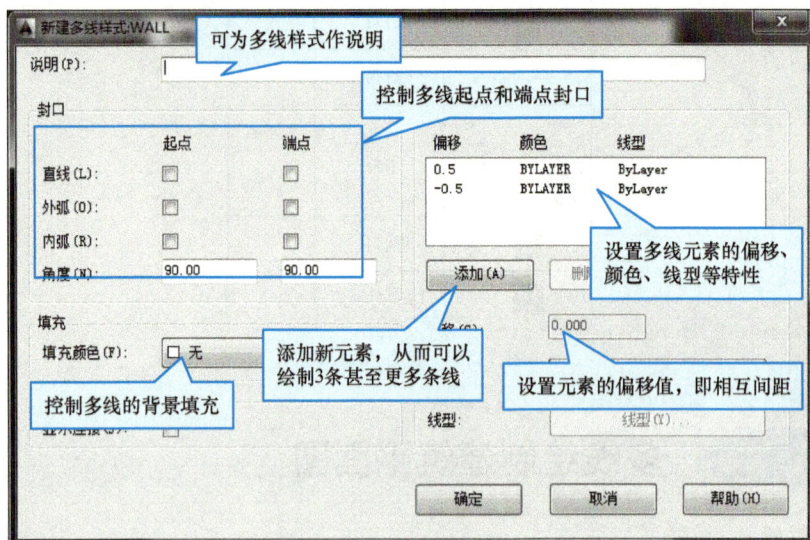

图 3-52 "新建多线样式"对话框

注：1）多线命令的选项说明：
① 对正（J）：指定多线对齐的基准位置。
② 上（T）：以多线外边线为基准绘制多线。
③ 无（Z）：以多线中心线为基准绘制多线。
④ 下（B）：以多线内边线为基准绘制多线。
⑤ 比例（S）：设定实际绘图中多线的总宽度。总宽度计算方法如下：多线的总宽度＝多线样式中设定的多线距离×比例。
⑥ 在默认多线样式为 STANDARD 中，两条线之间的距离为 1，当设置多线比例发生变化时，多线之间的宽度也会发生变化。
⑦ 样式（ST）：指定选用的多线样式，默认多线样式为 STANDARD。
2）多线编辑命令说明：双击多线任意位置弹出"多线编辑工具"对话框，在此对话框中，可以对多线进行编辑，可以改变两条多线的相交形式，比如"十字打开""T 形打开""角点结合"，对多线相交时的连接方式进行编辑修改，还可以截断和连接多线。

3）命令提示：
命令：ML   //启用"多线"命令
MLINE
当前设置：对正＝无，比例＝200.00，样式＝SXC   //当前多线状态说明
指定起点或［对正（J）/比例（S）/样式（ST）］： ST //输入 ST 进行多线样式设置
输入多线样式名或［?］： Q200   //调用刚刚创建的 Q200 多线样式

当前设置：对正＝无，比例＝200.00，样式＝Q200

指定起点或［对正（J）/比例（S）/样式（ST）］：　S　　//输入 S 进行比例设置

输入多线比例＜200.00＞：　1　　//输入多线比例值（如 1）

当前设置：对正＝无，比例＝1.00，样式＝Q200

指定起点或［对正（J）/比例（S）/样式（ST）］：　J　　//输入 J 进行对正设置

输入对正类型［上（T）/无（Z）/下（B）］＜无＞：Z　　//Z（输入选择对正形式）

当前设置：对正＝无，比例＝1.00，样式＝Q200　　//当前多线状态说明

指定起点或［对正（J）/比例（S）/样式（ST）］：　　//开始绘制多线，指定多线
第一点

指定下一点：　　//指定多线第二点

指定下一点或［放弃（U）］：　　//指定多线第三点

指定下一点或［闭合（C）/放弃（U）］：C　　//跟直线闭合意义一致

注： 利用多线编辑命令中的工具断开的多线，仍然是一条多线。多线不能用"偏移"命令偏移，不能用"倒角""圆角""延伸"和"修剪"等命令编辑。

2. 绘图步骤

通过本任务学习如何使用"多线"命令绘制如图 3-53 所示建筑平面图。

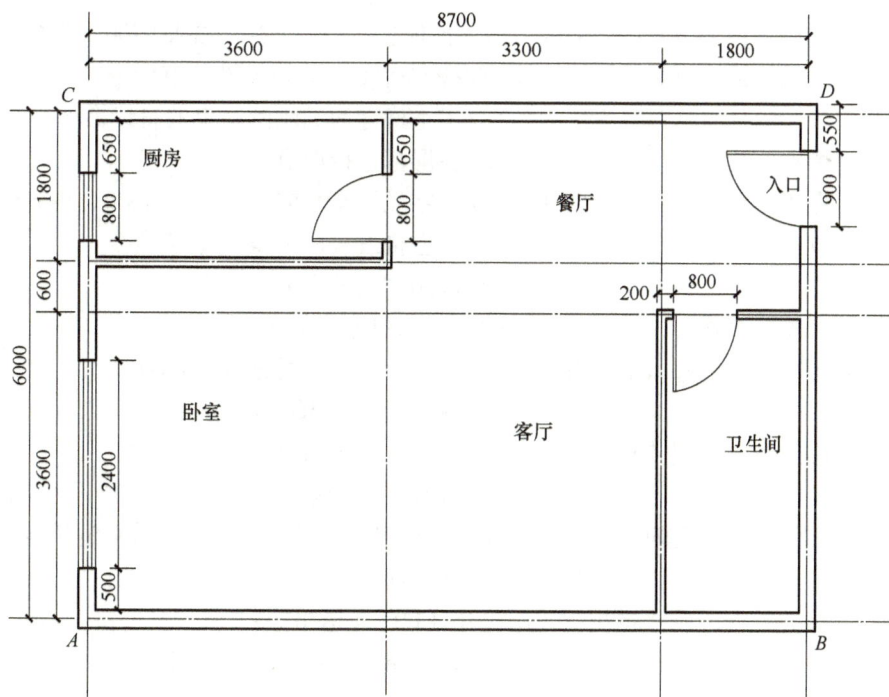

图 3-53　建筑平面图

步骤 1：设置绘图环境，即打开"格式"菜单，选择"单位"命令，将小数精度设为 0。

步骤 2：创建图层，单击 ![按钮] 按钮或键盘输入 LA 打开"图层特性管理器"对话框，创建图层，如图 3-54 所示。

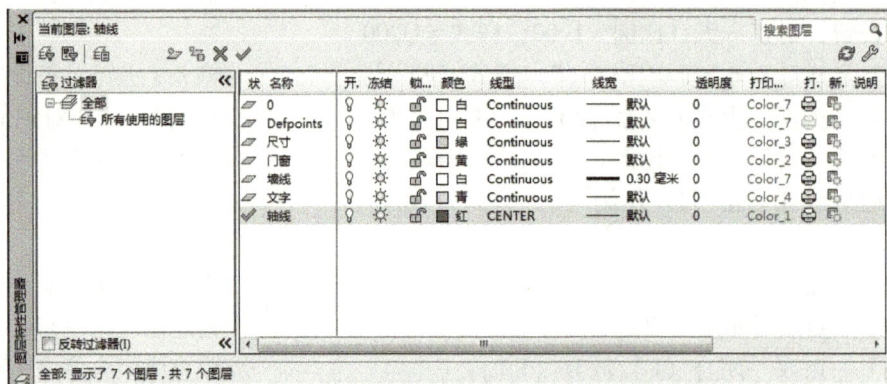

图 3-54　创建图层

步骤 3：绘制轴线。选择"轴线"作为当前层，利用"直线"（L）、"正交"（F8）和"偏移"（O）命令，绘制轴线网，命令行窗口提示如下：

命令：L　　　　　　　　　　　　　//调用"直线"命令

指定第一个点：　　　　　　　　　　//在屏幕上拾取一点 A

指定下一点或［放弃（U）］：8700　　//十字光标水平向右，输入 8700，得到轴 AB

指定下一点或［放弃（U）］：　　　　//按空格或 <Enter> 键结束命令

命令：L　　　　　　　　　　　　　//按空格键回到刚刚结束的直线命令

指定第一个点：　　　　　　　　　　//在屏幕上拾取点 A

指定下一点或［放弃（U）］：6000　　//十字光标水平向上，输入 6000，得到轴 AC

指定下一点或［放弃（U）］：　　　　//按空格或 <Enter> 键结束命令

命令：O　　　　　　　　　　　　　//调用"偏移"命令

当前设置：删除源 = 否，图层 = 源，OFFSETGAPTYPE = 0

指定偏移距离或［通过（T）/删除（E）/图层（L）］< 通过 >：3600

　　　　　　　　　　　　　　　　//偏移距离为 3600mm

选择要偏移的对象，或［退出（E）/放弃（U）］< 退出 >：

　　　　　　　　　　　　　　　　//选择 AC 轴线

指定要偏移的那一侧上的点，或［退出（E）/多个（M）/放弃（U）］< 退出 >：

　　　　　　　　　　　　　　　　//水平向右

选择要偏移的对象，或［退出（E）/放弃（U）］< 退出 >：

　　　　　　　　　　　　　　　　//按空格或 <Enter> 键结束命令

命令：O

　　　　　　　　　　　　　　　　//按空格键回到刚刚结束的直线命令

当前设置：删除源 = 否，图层 = 源，OFFSETGAPTYPE = 0

指定偏移距离或［通过（T）/删除（E）/图层（L）］< 3600.0 >：3300

　　　　　　　　　　　　　　　　//偏移距离为 3300mm

选择要偏移的对象，或［退出（E）/放弃（U）］<退出>：   //选择刚刚绘制的轴线
指定要偏移的那一侧上的点，或［退出（E）/多个（M）/放弃（U）］<退出>：

//水平向右

选择要偏移的对象，或［退出（E）/放弃（U）］<退出>：

//按空格或<Enter>键结束命令

命令：O   //按空格键回到刚刚结束的偏移命令
当前设置：删除源=否，图层=源，OFFSETGAPTYPE=0
指定偏移距离或［通过（T）/删除（E）/图层（L）］<3300.0>：1800

//偏移距离为1800mm

选择要偏移的对象，或［退出（E）/放弃（U）］<退出>：   //选择刚刚绘制的轴线
指定要偏移的那一侧上的点，或［退出（E）/多个（M）/放弃（U）］<退出>：

//水平向右

选择要偏移的对象，或［退出（E）/放弃（U）］<退出>：

//按空格或<Enter>键结束命令

命令：   O   //按空格键回到刚刚结束的偏移命令
当前设置：删除源=否，图层=源，OFFSETGAPTYPE=0
指定偏移距离或［通过（T）/删除（E）/图层（L）］<1800.0>：3600

//偏移距离为3600mm

选择要偏移的对象，或［退出（E）/放弃（U）］<退出>：   //选择轴线*AB*
指定要偏移的那一侧上的点，或［退出（E）/多个（M）/放弃（U）］<退出>：

//水平向上

选择要偏移的对象，或［退出（E）/放弃（U）］<退出>：

//按空格或<Enter>键结束命令

命令：O   //按空格键回到刚刚结束的直线命令
当前设置：删除源=否，图层=源，OFFSETGAPTYPE=0
指定偏移距离或［通过（T）/删除（E）/图层（L）］<3600.0>：600

//偏移距离为600mm

选择要偏移的对象，或［退出（E）/放弃（U）］<退出>：   //选择刚刚绘制的轴线
指定要偏移的那一侧上的点，或［退出（E）/多个（M）/放弃（U）］<退出>：

//水平向上

选择要偏移的对象，或［退出（E）/放弃（U）］<退出>：

//按空格或<Enter>键结束命令

命令：O   //按空格键回到刚刚结束的偏移命令
当前设置：删除源=否，图层=源，OFFSETGAPTYPE=0
指定偏移距离或［通过（T）/删除（E）/图层（L）］<600.0>：1800

//偏移距离为1800mm

选择要偏移的对象，或［退出（E）/放弃（U）］<退出>：   //选择刚刚绘制的轴线
指定要偏移的那一侧上的点，或［退出（E）/多个（M）/放弃（U）］<退出>：

//水平向上

选择要偏移的对象，或 [退出（E）/放弃（U）] <退出>：

//按空格或 <Enter> 键结束命令

轴线网绘制完成，"格式"菜单下更改线型比例（组合键 <Ctrl + L>），全局比例调为30，如图 3-55 所示。

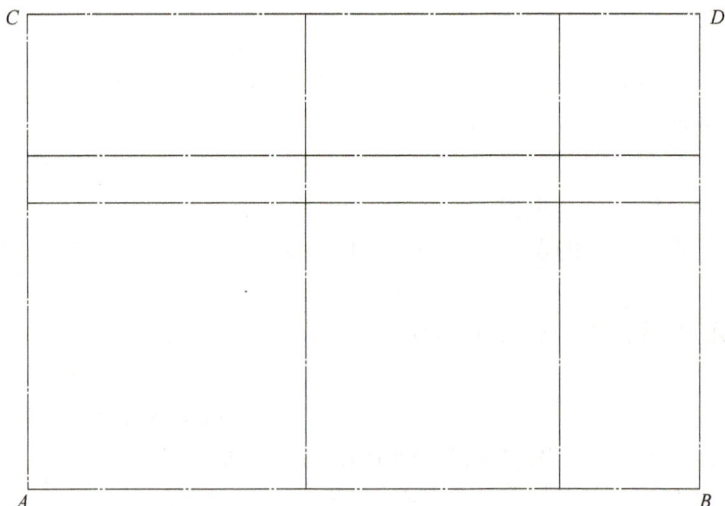

图 3-55　绘制的轴线网

步骤 4：绘制墙线。在建筑制图中，墙体表示建筑平面的分隔方式，所以墙体的绘制在建筑制图中占有很重要的地位。在 AutoCAD 中，可以利用两种方法来绘制墙体，一种是通过"偏移"命令利用已有轴线绘制出墙体，再利用"修剪"或"倒角"命令修改；另一种是通过"多线"命令绘制，然后利用多线编辑工具进行编辑从而得到墙体，本例采用多线方法绘制，具体操作如下：

1）将图层设置为"墙体"图层，设置"对象捕捉"模式为"端点"和"交点"捕捉方式。

2）本例中墙体为两种，外墙为 200mm，内墙为 100mm，所以新建一个名为"Q200"的多线样式，参数设置如图 3-56 所示，并执行"ML"（多线）命令，命令行提示如下：

命令：ML　　　　　　　　　　　　　//调用"多线"命令

当前设置：对正 = 无，比例 = 200.00，样式 = SXC

指定起点或 [对正（J）/比例（S）/样式（ST）]：ST　　//更改多线样式

输入多线样式名或 [?]：　Q200　　　　//调用刚刚创建的 Q200 多线
　　　　　　　　　　　　　　　　　　　　样式

当前设置：对正 = 无，比例 = 200.00，样式 = Q200

指定起点或 [对正（J）/比例（S）/样式（ST）]：　S　//更改多线比例

输入多线比例 <200.00>：1　　　　　　//多线比例为 1

当前设置：对正 = 无，比例 = 1.00，样式 = Q200

指定起点或 [对正（J）/比例（S）/样式（ST）]：J　　//更改多线对正方式

输入对正类型 [上（T）/无（Z）/下（B）] <无>：Z　　//对正为无

当前设置：对正＝无，比例＝1.00，样式＝Q200　　//多线当前样式

指定起点或［对正（J）/比例（S）/样式（ST）］：　　//拾取 C 点

指定下一点：　　//拾取 A 点

指定下一点或［放弃（U）］：　　//拾取 B 点

指定下一点或［闭合（C）/放弃（U）］：　　//拾取 D 点

指定下一点或［闭合（C）/放弃（U）］：　　//拾取 C 点

指定下一点或［闭合（C）/放弃（U）］：　　//按空格或＜Enter＞键结束命令

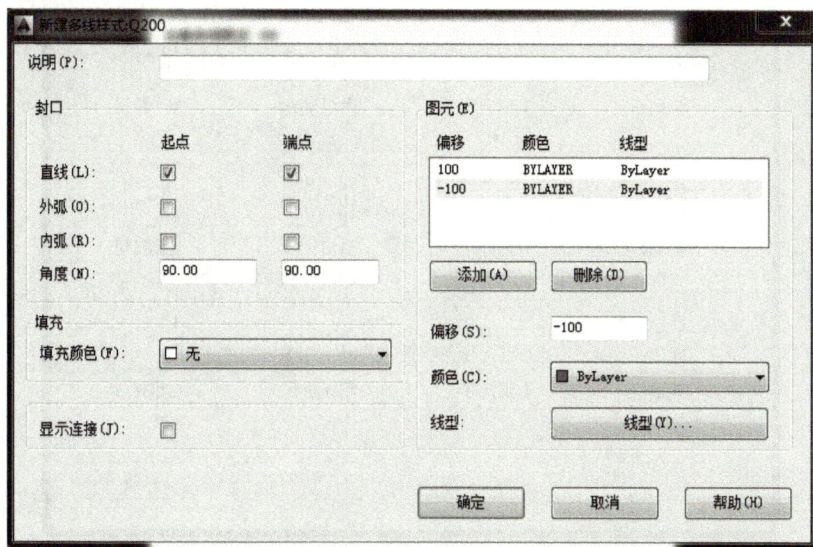

图 3-56　多线设置参数

3）重新调用"多线"命令，按照 2）修改当前设置为"对正＝无，比例＝0.50，样式＝Q200"，绘制内墙，如图 3-57 所示。

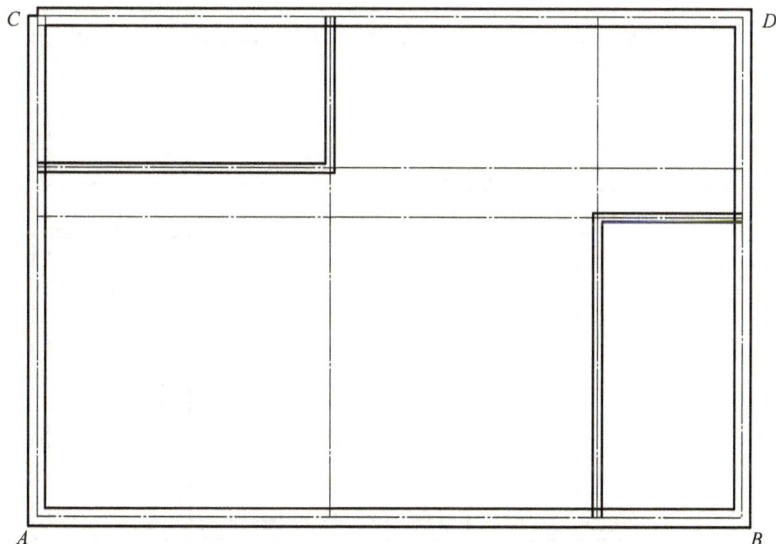

图 3-57　多线绘制墙体

4）在多线上任意位置双击，弹出"多线编辑工具"对话框，如图 3-58 所示，选择"角点结合"，对墙体在 C 点进行角点结合命令，重新调用"多线编辑工具"，选择"T 形打开"，对墙体 T 形相交的地方进行修改。

图 3-58 "多线编辑工具"对话框

注：在进行"T 形打开"命令时，当提示"选择第一条多线"时，单击 T 形的竖线部分，当提示"选择第二条多线"时，单击 T 形的横线部分，效果如图 3-59 所示。

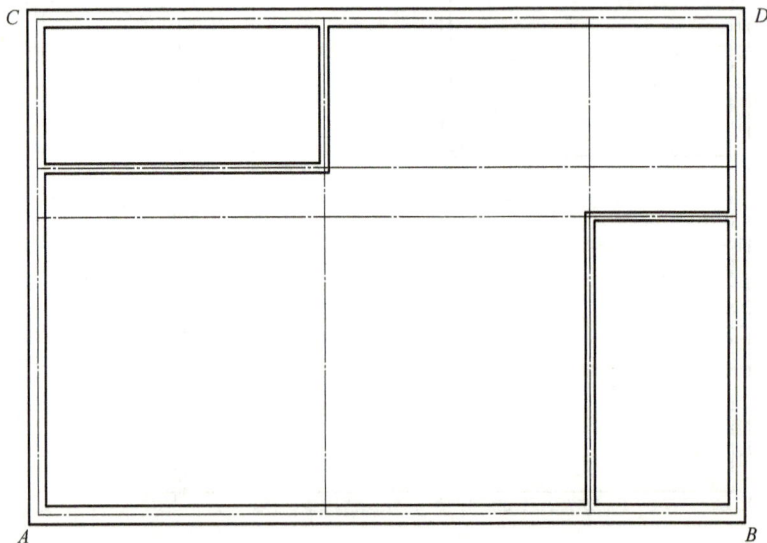

图 3-59 墙体最终效果

步骤5：确定门窗位置及尺寸。

1）将图层设置为"门窗"图层，按照图纸利用以前讲过的"临时追踪"和"偏移"命令确定门窗位置及门洞口和窗洞口的尺寸，然后利用"修剪"命令得到门洞和窗洞，删除辅助线，过程图及效果如图3-60所示。

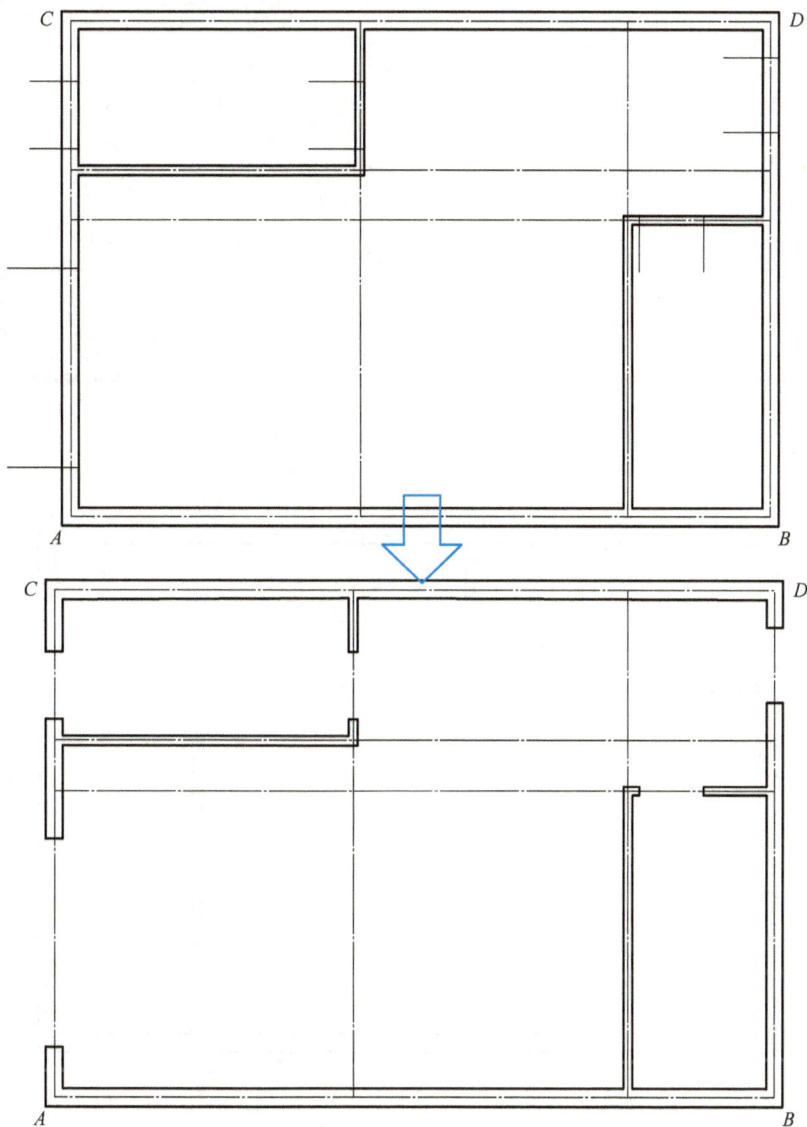

图3-60　门窗位置

2）利用以前讲过的命令绘制门。

3）利用多线方式绘制窗户，首先创建一个名为"WIN"的多线样式，参数设置如图3-61所示，执行"ML"（多线）命令，设置"对正＝无，比例＝1.00，样式＝WIN"，绘制窗户，如图3-62所示。

步骤6：标注门窗尺寸和轴线尺寸。通常情况下，在建筑平面图中需要标注三道尺寸

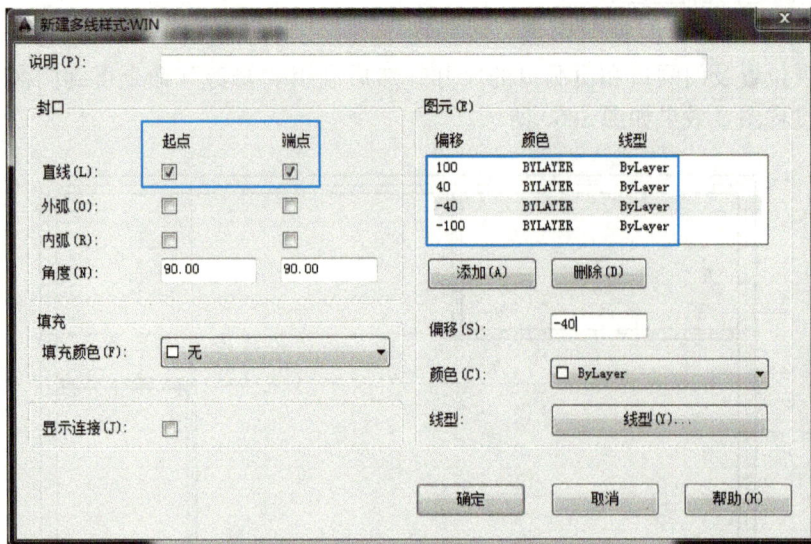

图 3-61　WIN 多线参数设置

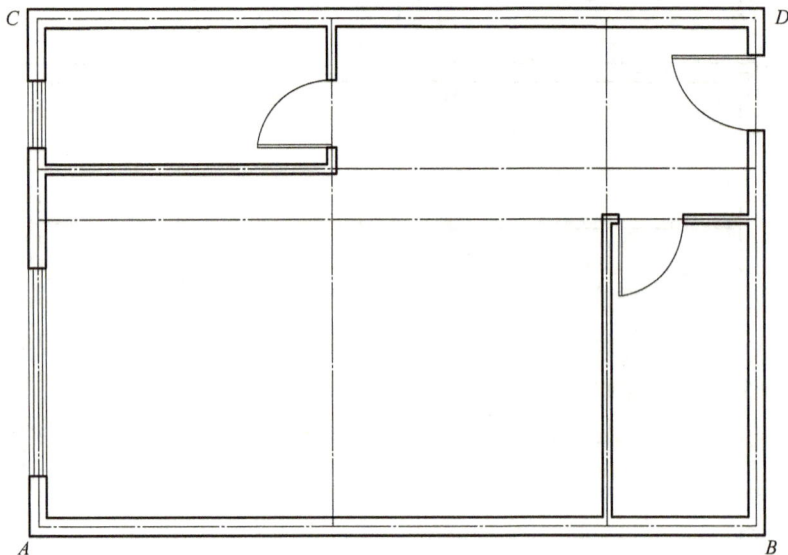

图 3-62　门窗绘制

线，即总尺寸、轴线尺寸、细部尺寸。其中，总尺寸是指建筑物的外包尺寸，即最外围的尺寸；轴线尺寸是指轴线之间的尺寸，即开间和进深尺寸；细部尺寸是指门洞、窗洞等细部位置的定位、定形尺寸。为了让尺寸标注出来美观，可以设置多道尺寸线之间的间距，以便标注完成后尺寸间的间距相同。

　　利用项目四中的任务二设置尺寸标注，将当前图层设置为"尺寸"图层，使用线性标注和连续标注进行尺寸标注。

步骤7：文字说明。在已绘制的图形中必须添加文字注释，以便于整幅图形的内容一目了然，将当前图层设置为"文字说明"图层，利用项目四中的任务一设置文字标注并执行"单行文本"或"多行文本"命令，书写房间名称，并调整对应的文字位置即可。

至此，本例绘制完毕。

颗粒素养

任何一项建筑工程，从设计、预算、审批、备料、施工一直到竣工验收和建成后的维修，全部都离不开工程图纸，而平面图是建筑施工中的重要的基本图，它和建筑立面图、剖面图紧密相连，它们从整体上反映新建房屋的内部布置、外部造型、内外装修等基本情况，它的特点是表达内容丰富、运用的线型、图例、符号繁多，尺寸标注错综复杂，是我们学过的制图标准和建筑施工图图示规定的具体应用，也是识读整套施工图的关键，准确、熟练地识读施工图是建筑专业工程技术人员必须具备的基本技能，所以本任务的教学内容与日后的工作实践紧密结合，本任务培养学生树立新时代的设计思想、爱岗敬业的工匠精神，严格按照国家标准的有关规定和平面图实际尺寸进行练习，使学生养成认真细致、精益求精的职业素养和一丝不苟的工作作风，不断提高绘图质量。在授课过程中，以任务驱动法为主导，通过"自主、合作、探究"的学习方式使学生积极主动参与课堂活动，激发学生学习兴趣，增强学生学好本专业的信心，严格遵守日常的行为准则、职业规范与职业道德。

3. 拓展知识点

（1）建筑平面图的定义　建筑平面图是通过使用一假想水平剖切面，将建筑物在某层门窗洞口范围内剖开，移去剖切平面以上的部分，对剩下的部分作水平面的正投影图形成的。建筑平面图又简称平面图，一般通过平面图表示建筑物的平面形状，房间的布局、形状、大小、用途，墙、柱的位置及墙厚和柱子的尺寸，门窗的类型、位置，尺寸大小以及各部分的联系。

建筑平面图是建筑施工图中最重要、最基本的图纸之一，是施工放线、墙体砌筑和安装门窗的依据。一般情况下，三层或者三层以上的建筑物，至少应绘制三个楼层平面图，即首层平面图、中间层平面图和顶层平面图。

屋顶平面图也是一种建筑平面图，它是在空中对建筑物的直接水平正投影图。

（2）建筑平面图的绘制内容　建筑平面图的内容主要概括为以下几部分：

1）反映建筑物某一层的平面形状，房间的位置、形状、大小、用途及相互关系。

2）墙、柱的位置、尺寸、材料、形式，各房间的门、窗的标号及其位置和开启形式等。

3）门厅、走道、楼梯、电梯等交通联系设施的位置、形式、走向等。

4）其他的设施、构造，例如阳台、雨篷、台阶、雨水管、散水、卫生器具、水池等。

5）属于本层但又位于剖切平面以上的建筑构造及设施，例如高窗、隔板、吊柜等（按照规定需采用虚线表示）。

6）首层平面图还应包括指北针、建筑剖面图的剖切位置、室内外地坪标高等。

7）表明主要楼、地面及其他主要台面的标高，注明总尺寸、定位轴线间的尺寸和细部尺寸。

8）屋顶平面图则主要表明屋面的平面形状、屋面坡度、排水方式、雨水口位置、挑檐、女儿墙、烟囱、上人孔、电梯间、水箱间等构造和设施。

9）在另外有详图的部位，注有详图的索引符号。

10）图名和绘制比例。

（3）建筑平面图的命名　建筑平面图的命名一般遵循"绘制的平面图是第几层就在图的正下方标注相应名称"的原则，如"地下一层平面图""二层平面图"等。如果房屋的布局相同或者局部相同，可以使用"标准层平面图"或者"X～Y层平面图"，局部不同的需要绘制局部平面图。如果不方便按上述方法命名，有时也会以楼层的标高命名，如"－3.000平面图"。

（4）建筑平面图的阅读　对于一个优秀工程师而言，读图是与绘图同等重要的一项基本技能，建筑平面图的阅读步骤如下：

1）首先阅读图名、比例及文字说明。

2）了解房屋的平面形状、总尺寸及朝向。

3）由定位轴线了解建筑物的开间、进深。

4）了解各房间的形状、大小、位置、面积、用途和相互关系、交通状况。

5）了解墙柱的定位和尺寸。

6）了解室内外相关标高。

7）读门窗图例和编号。

8）了解细部构造及设备、设施等。

9）查看剖面图的标注符号。

10）查看详图的索引符号。

（5）建筑平面图的绘制步骤　一般情况下，可以采用 AutoCAD 的基本绘图、编辑等命令进行操作，其绘制步骤如下：

1）创建新图形，设置绘图环境。

2）设置图层，绘制轴线和辅助线并对轴网进行标注。

3）绘制墙体。

4）绘制门窗。

5）绘制柱网。

6）绘制楼梯、阳台、台阶等。

7）绘制散水等其他构件。

8）标注尺寸，注写文字及图名。

9）绘制指北针、图框，进行图形清理。

4. 能力训练题

图 3-63 所示为××小区住宅平面图，根据其尺寸，依据本任务所讲步骤进行绘制。

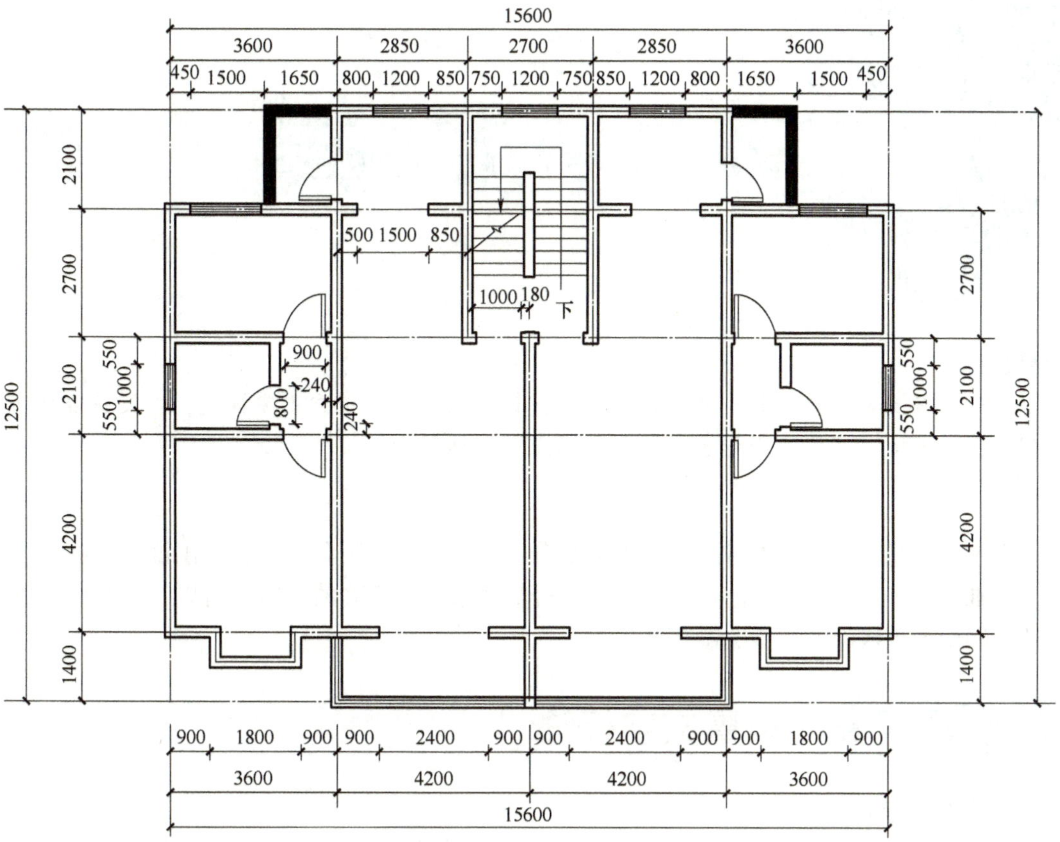

图 3-63 能力训练题——××小区住宅平面图

项目四　学习文字与尺寸标注

项目目标

通过本项目的学习，学生能结合专业规范设置工程图中所需文字样式，以及正确标注工程图汇总的尺寸，灵活应用标注并掌握使用上的一些技巧。

　　文字对象是工程图中不可缺少的组成部分，其用于进行图名标注、提供说明或进行注释等，图纸中除了用文字进行注释外，更离不开标注来做更精确的说明，所以，尺寸标注也是设计绘图中不可或缺的一个关键环节。

任务一　设置文字标注

1. 创建文字样式

图形中的所有文字都是由与之相关联的文字样式决定其显示效果，在进行文字标注之前，首先要定义合适的文字样式，即设置文字的各项参数，如字体、字高、文字倾斜等特征。调用方法有：

1）菜单栏"格式"→"文字样式"。

2）"样式"工具栏文字样式按钮 ![按钮] 。

3）命令行输入 STYLE 或 ST 后按空格或 <Enter> 键确认。

2. 设置文字样式

执行完创建文字样式命令后，会弹出"文字样式"对话框，如图 4-1 所示。

单击"新建"按钮出现"新建文字样式"对话框，在"样式名"中输入自己定义的样式名，比如"文字"，输入完后确认即可。如果想使用中文字体，需取消图 4-1 中"使用大字体"前面的复选按钮，在"字体名"下拉列表框中选择一种中文字体，我们一般用"仿宋"。

3. 文字样式对话框中各选项说明

各选项说明如图 4-2 所示。

4. 拓展知识点

字体选择：图纸及说明中的汉字，宜采用字体清晰易辨的长仿宋体（矢量字体）或黑体（TrueType 字体），同一图纸字体种类不应超过两种。长仿宋体的宽度与高度的关系应符合表 4-1 的规定，其结构修长匀称、笔画粗细均匀、起落顿笔、转折勾棱，如图 4-3 所示；

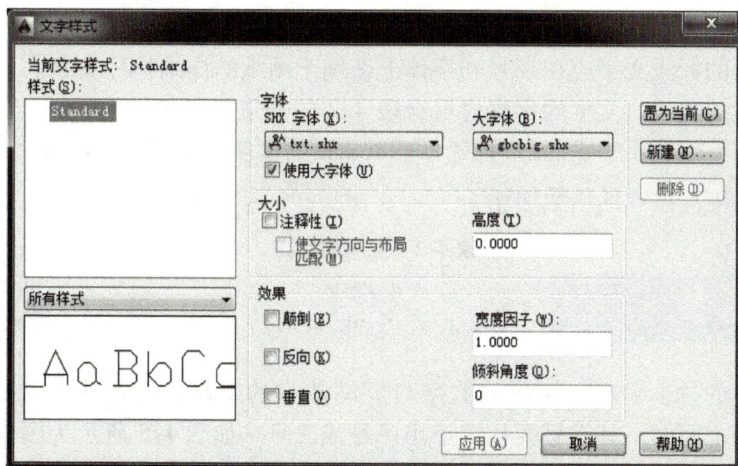

图 4-1 "文字样式"对话框

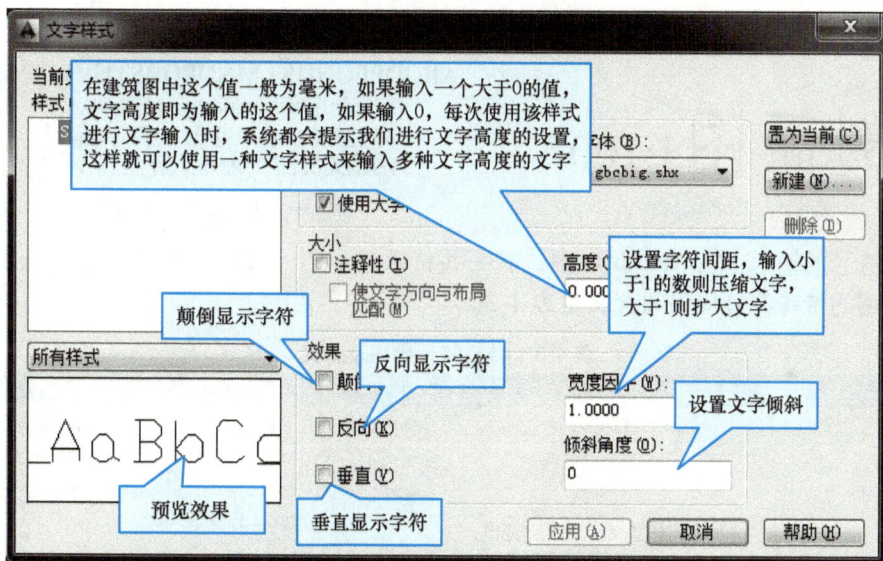

图 4-2 "文字样式"对话框中各选项说明

黑体字的宽度与高度应相同，其笔画粗壮且整齐划一，字形紧聚，不用弧线，如图 4-4 所示。大标题、图册封面、地形图等的汉字，也可书写成其他字体，但应易于辨认。

表 4-1 长仿宋字宽高关系 （单位：mm）

| 字宽 | 14 | 10 | 7 | 5 | 3.5 | 2.5 |
| 字高 | 20 | 14 | 10 | 7 | 5 | 3.5 |

建筑装饰CAD—基础篇   建筑装饰CAD—基础篇

图 4-3 长仿宋体字样   图 4-4 黑体字样

字号选择：字的大小用字号来表示，字的号数即字的高度，字号与图幅无关。标注的文字高度要适中。同一类型的文字采用同一字号。较大的字用于概括性的说明内容，如图名、标题栏名等；较小的字用于细致的说明内容，如设计说明施工做法的内容等。

图纸中图名的标注文字应在字号和字体上区别于图纸的详细标注文字。一般情况下，图名字号大于图纸的文字。文字的字高应符合表 4-2 的规定，汉字的字高，应不小于 3.5mm，手写汉字的字高一般不小于 5mm。字高大于 10mm 的文字宜采用 TrueType 字体，如需书写更大的字，其高度应按 2 的倍数递增。

表 4-2 文字的字高　　　　　　　　　　　　　　　（单位：mm）

字体种类	中文字体	TrueType 字体及非中文字体
字高	3、5、7、10、14、20	3、4、6、8、10、14、20

图纸中出现的拉丁字母、阿拉伯数字与罗马数字的字高，应不小于 2.5mm。当数字、字母与汉字并列书写时，其字号要比汉字小一号或二号，如图 4-5 所示为图名的标注，其中比例数字"1：100"比"剖面图"小两号。

拉丁字母、阿拉伯数字可以直写，也可以斜写。斜体字的斜度是从字的底线逆时针向上倾斜 75°，字的高度与宽度应与相应的直体字相等，如图 4-6 所示。

剖面图 1:100

图 4-5 图名的标注

ABCDEFGHIJKLMNOPQRSTUVWXYZ
abcdefghijklmnopqrstuvwxyz
0123456789　Ⅰ Ⅱ ⅢⅣ Ⅴ Ⅵ
ABCDabcd123456 Ⅰ Ⅱ ⅢⅣ Ⅴ Ⅵ

图 4-6 数字、字母示例

特殊符号的输入：在 AutoCAD 中，有一些特殊符号，一般由"％％"加一个特殊字符构成，常用的特殊符号代码和含义见表 4-3。

表 4-3 特殊符号代码及含义

代　码	字　符	含　义	代　码	字　符	含　义
％％％	％	百分号	％％c	φ	直径符号
％％p	±	正负公差符号	％％d	℃	摄氏度符号
％％o	—	上划线	％％u	_	下划线
％％nnn		生成任意 ASCII 码字符串，nnn 为 ASCII 码字符值			

任务二　设置尺寸标注

1. 创建标注样式

"标注样式"是标注设置的命名集合，同文本标注一样，尺寸标注也需要有特定的样式，可用来控制标注的外观，如箭头样式、文字位置和尺寸公差等，用户应创建符合行业或项目标准的"标注样式"，这是标注能正确显示的前提。调用方法有：

1）菜单栏"格式"→"标注样式"。

2）"样式"工具栏文字样式按钮 [图标]。

3）命令行输入 DIMSTYLE 或 D 后按空格或 <Enter> 键确认。

2. 设置标注样式

执行完创建标注样式命令后，会弹出"标注样式管理器"对话框，如图 4-7 所示。

单击"新建"按钮出现"创建新标注样式"对话框，在"新样式名"中输入自己定义的样式名，比如"标注 100"，如图 4-8 所示，在"基础样式"下拉列表框中选取和欲创建的标注参数最接近的标注样式，目前只有默认的 ISO-25，输入完后确认即进入"标注 100"的编辑状态。

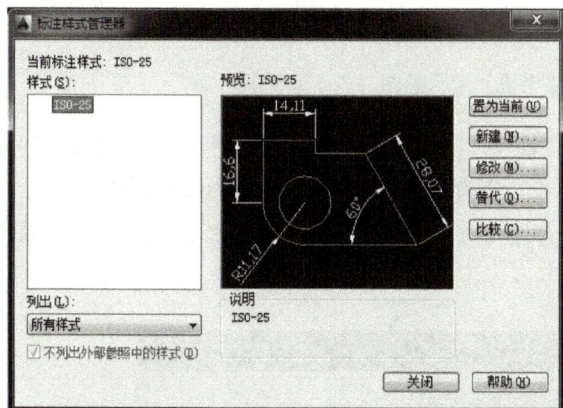

图 4-7 "标注样式管理器"对话框

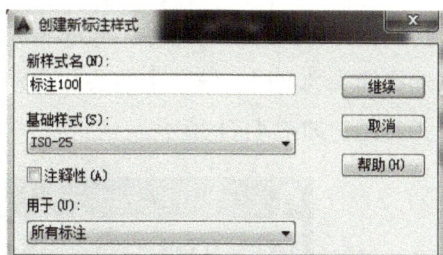

图 4-8 创建新标注样式

3. 设置新建标注样式中各参数

步骤 1：按照对话框选项卡中的顺序进行依次说明，首先设置"线"选项卡，如图 4-9 所示："线"选项卡用于设置构成尺寸标注的尺寸线和尺寸界线，标注中各部分元素的含义如图 4-10 所示。

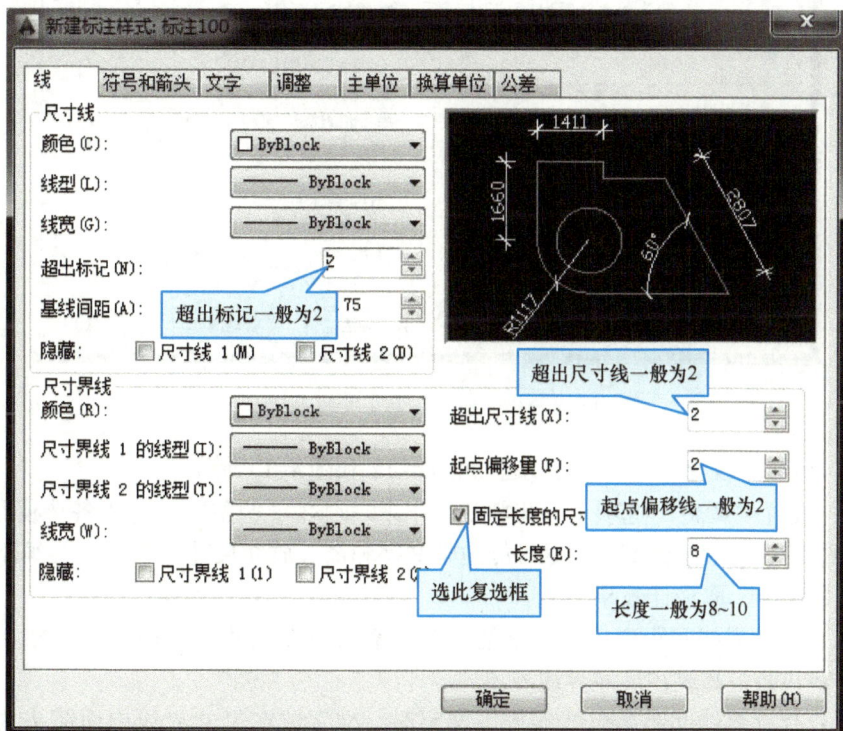

图 4-9 "线"选项卡

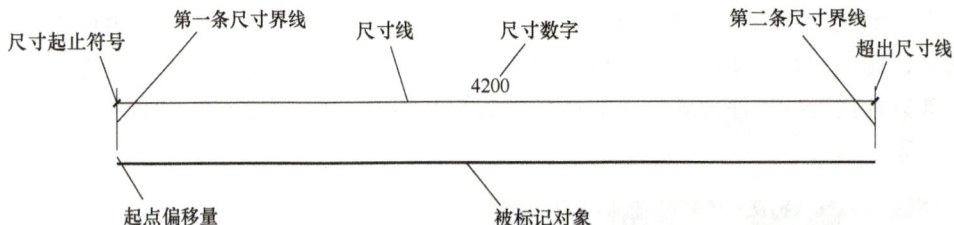

图 4-10　标注组成元素示意图

步骤 2："符号和箭头"选项卡中，在"箭头"区可以控制标注和引线中的箭头符号，包括其类型、尺寸及可见性。除非首先修改第二个箭头的类型，否则当为尺寸线的第一个端点选择箭头类型时，第二个箭头将自动设定为保持与第一个箭头一致。本书中选择 ⊿建筑标记 箭头类型，如图 4-11 所示。

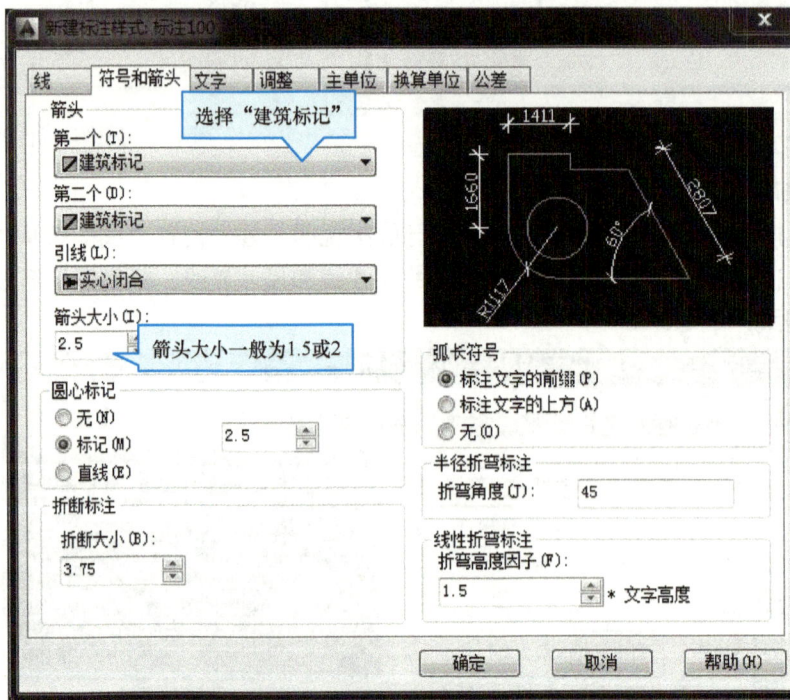

图 4-11　"符号和箭头"选项卡

步骤 3：设置"文字"选项卡，步骤如图 4-12 和图 4-13 所示。

步骤 4：设置"调整"选项卡，步骤如图 4-14 所示。"调整"选项下各选项介绍：

"文字或箭头（最佳效果）"：尽可能地将文字和箭头放在尺寸界线中，容纳不下的元素将放在尺寸界线外，取最佳效果。

"箭头"：尺寸界线间距离仅够放下箭头时，箭头放在尺寸界线内而文字放在尺寸界线外，否则文字和箭头都放在尺寸界线外。

"文字"：尺寸界线间距离仅能够放下文字时，文字放在尺寸界线内而箭头放在尺寸界线外，否则文字和箭头都放在尺寸界线外。

　　"文字和箭头"：当尺寸界线间距离不足放下文字和箭头时，文字和箭头都放在尺寸界线外。

　　"文字始终保持在尺寸界线之间"：强制文字放在尺寸界线之间，一般选择此选项。

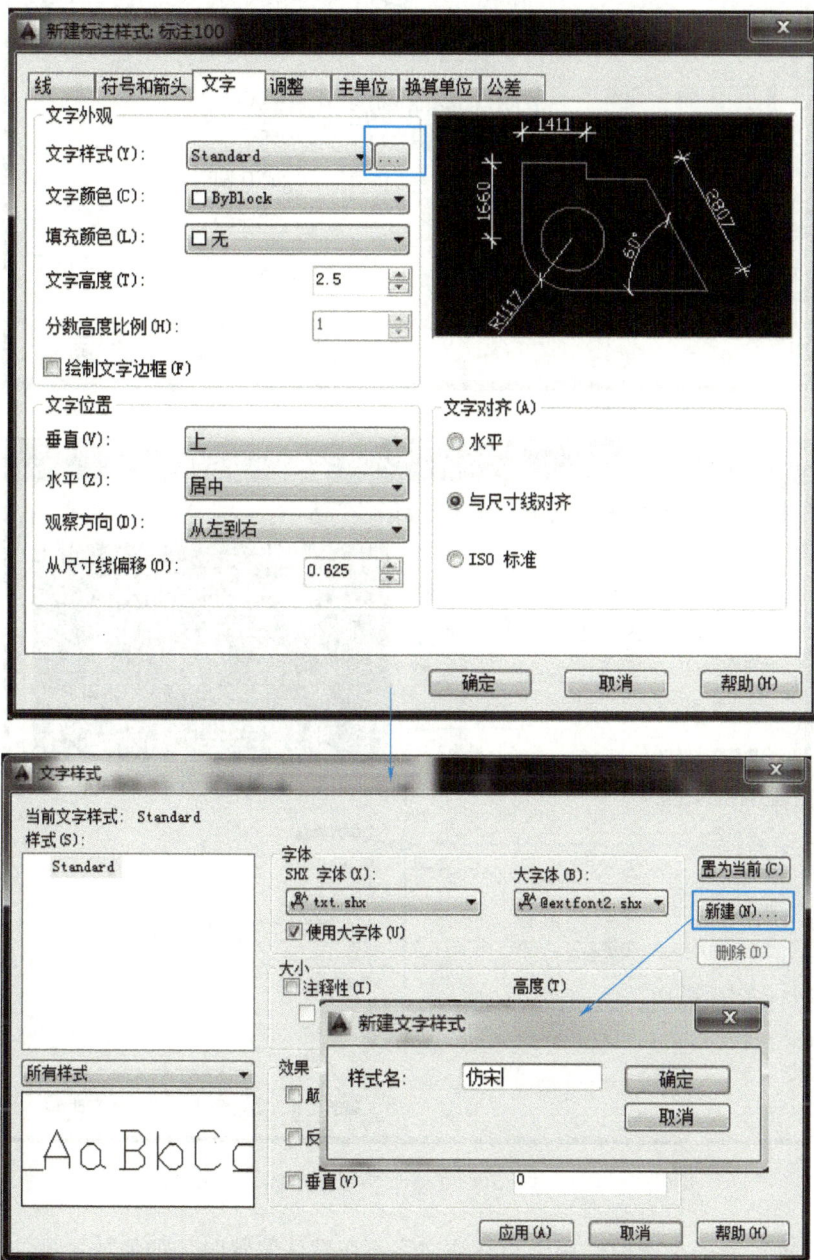

图 4-12　"文字"选项卡 1

　　复选框"若箭头不能放在尺寸界线内，则将其消除"：如果尺寸界线内没有足够的空间，则消除箭头。

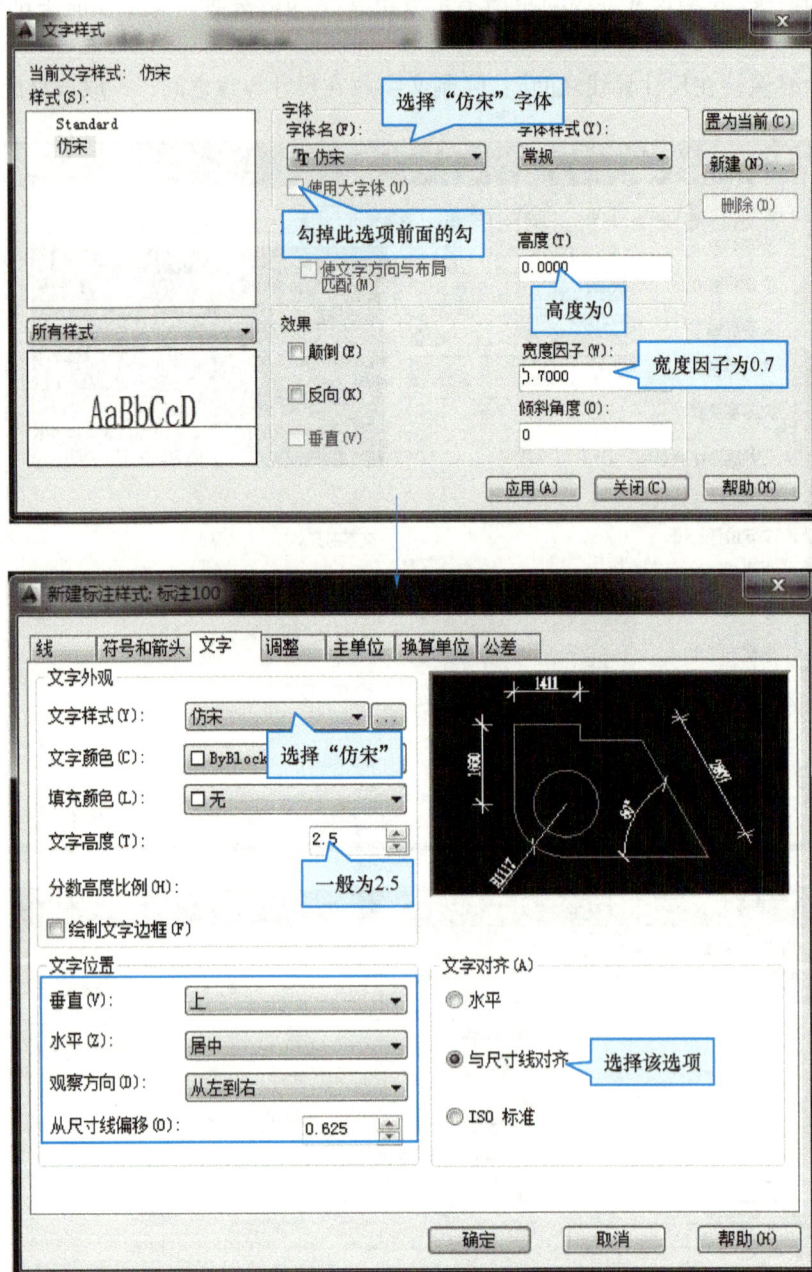

图 4-13 "文字"选项卡 2

"文字位置"有三个选项,用于当标注文字不在默认位置时,如何放置标注文字。

步骤 5:设置"主单位"选项卡,步骤如图 4-15 所示。"单位格式"下拉列表框用于确定尺寸标注中标注文字的格式单位,"精度"下拉列表框用于确定尺寸标注中标注文字中小数部分的位数。

步骤 6:另外两个参数"换算单位"和"公差"在建筑制图中几乎不用,所以不做介绍。所有上述参数设置完成后,单击"确定"按钮,尺寸标注即设置完成。

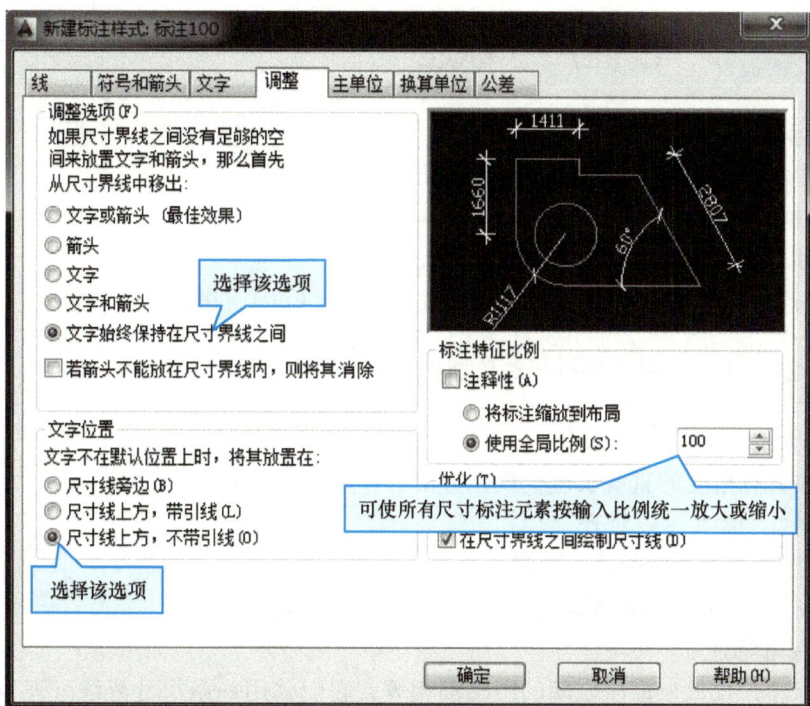

图 4-14　"调整"选项卡

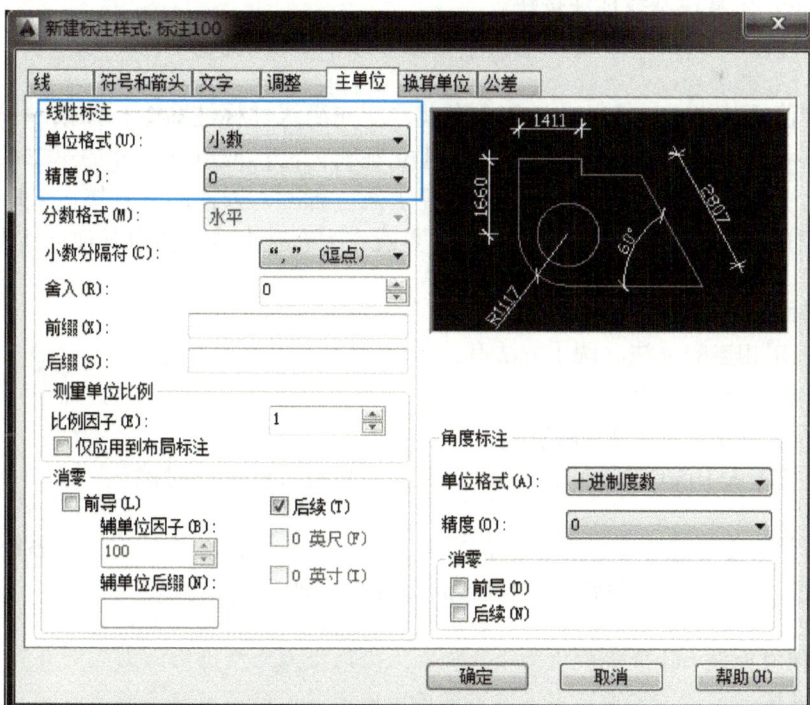

图 4-15　"主单位"选项卡

任务三　线性尺寸标注

1. 线性标注

用于标注水平或竖直方向的距离。调用方法有：

1）菜单栏"标注"→"线性"。

2）"标注"工具栏线性标注按钮。

3）命令行输入 DIMSLINEAR 或 DLI 后按空格或 < Enter > 键确认。

注：指定尺寸界线起点时打开对象捕捉。

2. 对齐标注

用于标注具有角度的直线长度。调用方法有：

1）菜单栏"标注"→"对齐"。

2）"标注"工具栏对齐标注按钮。

3）命令行输入 DIMALIGNED 后按空格或 < Enter > 键确认。

3. 基线尺寸标注

可连续标注，且每个标注之间的距离都相等，它们共用一条尺寸界线（基准线）。调用方法有：

1）菜单栏"标注"→"基线"。

2）"标注"工具栏基线标注按钮。

3）命令行输入 DIMBASELINE 后按空格或 < Enter > 键确认。

注：在使用基线、连续尺寸标注命令前，应先用线性标注命令标注第一段尺寸，系统将以该尺寸的第一条尺寸界线为基准线建立基线标注；或以该尺寸的第二条尺寸界线为基准线建立连续尺寸标注。如果标注位置错误，右击，选择，或直接按 < Enter > 键→系统提示"选择基准标注"，选择某条尺寸界线作为新基准线→拾取其他标注点。

4. 连续标注

一系列首尾相连的标注。调用方法有：

1）菜单栏"标注"→"连续"。

2）"标注"工具栏连续标注按钮。

3）命令行输入 DIMCONTINUE 或 DCO 后按空格或 < Enter > 键确认。

注：激活命令→拾取连续标注点，如果标注位置错误：右击，选择→系统提示"选择连续标注"，选择重新开始标注的位置点→拾取其他标注点。

5. 径向尺寸标注

调用方法有：

1）菜单栏"标注"→"半径"。

2）"标注"工具栏半径标注按钮。

3）命令行输入 DIMRADIUS 后按空格或 < Enter > 键确认。

注：指定尺寸起止符为箭头，标注文字水平放置，标注半径时，建筑上要求标准值水平，且半径标注和直径标注用实心箭头。

6. 直径标注

调用方法有：

1）菜单栏"标注"→"直径"。

2）"标注"工具栏直径标注按钮。

3）命令行输入 DIMDIAMETER 后按空格或 < Enter > 键确认。

注：在标注直径、半径时，可能存在多个大小相同的圆或圆弧，一般只标注一个，在其标注文本前添加上对象个数。

7. 圆心标记标注

调用方法有：

1）菜单栏"标注"→"圆心"。

2）"标注"工具栏圆心标注按钮。

3）命令行输入 DIMCENTER 后按空格或 < Enter > 键确认。

8. 角度标注

用于标注圆弧的中心角、圆弧上某段圆弧的中心角、两条不平行直线间的夹角。调用方法有：

1）菜单栏"标注"→"角度"。

2）"标注"工具栏角度标注按钮。

3）命令行输入 DIMANGULAR 后按空格或 < Enter > 键确认。

9. 引线标注

用于对象的说明，调用方法有：

1）菜单栏"标注"→"引线"。

2）"标注"工具栏快速引线按钮。

3）命令行输入 DIMLEADER 后按空格或 < Enter > 键确认。

注：在"附着"选项卡中，选择"最后一行加下划线"复选框（保证标注文字附着于引线末端的位置，且在引线的上方），在"注释"选项卡中选择有无文字注释；在"引线和箭头"选项卡中设置点数最大值。

10. 快速标注

用于一次性标注相邻或相近对象的同一类尺寸，特别适合标注基线尺寸、连续尺寸以及一系列圆的直径、半径。调用方法有：

1）菜单栏"标注"→"快速标注"。

2）"标注"工具栏快速标注按钮。

3）令行输入 QDIM 后按空格或 < Enter > 键确认。

注："并列"：用于从中间向左右两侧对称标注，且尺寸文本相互错开。"编辑"：用于增加或减少尺寸标注点。

11. 编辑标注

调用方法有：

1）菜单栏"标注"→"倾斜"。

2）"标注"工具栏编辑标注按钮。

3）命令行输入 DIMEDIT 后按空格或 < Enter > 键确认。

注：提示选择对象时，要选择标注，在标注上单击。

12. 编辑尺寸文本位置

调用方法如下："标注"工具栏编辑标注文字按钮。

13. 更新标注样式

调用方法有：

1）菜单栏"标注"→"更新"。

2）"标注"工具栏标注更新按钮。

3）命令行输入 DIMSTYLE 后按空格或 < Enter > 键确认。

项目五　设置图层

项目目标

通过本项目的学习，学生能够熟练使用图层对功能不同的信息进行设置，比如线型、颜色、线宽等标准；掌握图层性质，即所有图层共享一个坐标系，即具有相同的坐标系，坐标相同的点严格对齐，重合在一起，不会错位，且所有图层具有相同的绘图界限和缩放比例；掌握图层的作用；图层可以控制图形的显示，即图层上的图形可以显示，也可以隐藏；图层可以冻结图形，即图层上的图形可以被冻结，冻结后既不显示，也不参与各种设置；图层还可以锁住图形，即图层上的图形可以被锁住，锁住后不能被选中，不能被编辑，可防止误操作；图层还可以设置图形的颜色、线型、线宽等信息，即图层上的图形可具有图层所规定的颜色、线型，而无须对每个对象进行设置。

图层对于 AutoCAD 初学者来说是一个新的概念，因为在我们手工制图中，图纸只有一张，根本没有图层的概念，其实，我们可以简单地把图层想象为一层层透明的图纸，绘图员将不同的对象绘制在指定图层，处于同一图层的对象具有指定的通用属性，比如线型、颜色、线宽等，并可以快速有效地控制同一图层对象的显示状态。

1. 图层设置

图层作为一个管理工具，是管理图形颜色、线型、线宽、打印的重要工具。在图形编辑过程中，合理利用好图层的开关、锁定，也会有效提高操作效率。图层的冻结也是一个非常重要的工具，可以用于排图打印。调用方法有：

1）单击下拉菜单栏"格式"→"图层"。

2）工具栏单击 🔲 按钮。

3）命令行输入 LAYER 或 LA 并确认。

2. 图层特性管理器

在 CAD 中，我们通过图层特性管理器对图层进行管理和操作，图层特性管理器如图 5-1 所示。CAD 会将图纸中所有图层列于"图层特性管理器"窗口中，从图 5-1 可以看到，当前图纸使用了多个图层，设计者用图层来管理不同类型的图形。

在图层线型上单击，将弹出如图 5-2 所示的"选择线型"对话框，此时，我们可以选择需要的线型，如果没有我们需要的线型，可以单击"加载"按钮，选择重新加载已有线型或加载新线型，如图 5-3 所示。

在图层颜色上单击，将弹出如图 5-4 所示的"选择颜色"对话框，此时，我们可以选择需要的颜色。

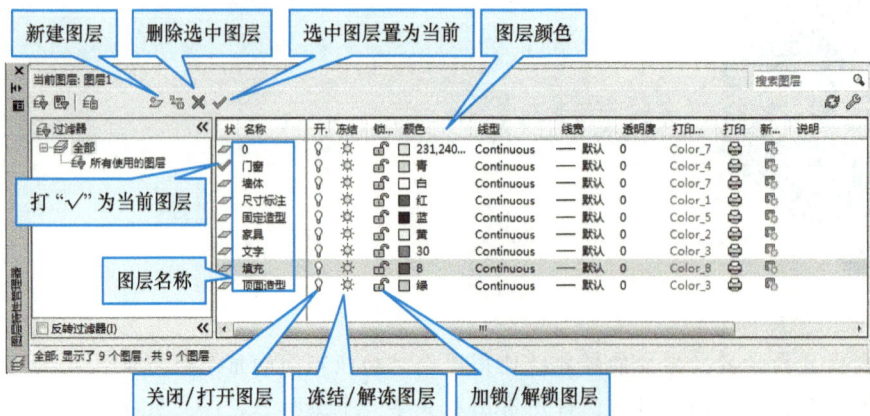

图 5-1　图层特性管理器

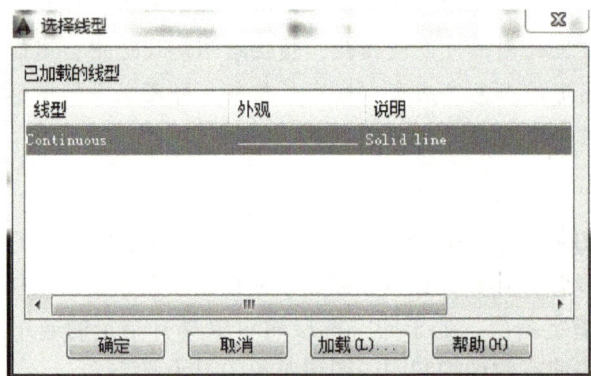

图 5-2　"选择线型"对话框

图 5-3　"加载或重载线型"对话框

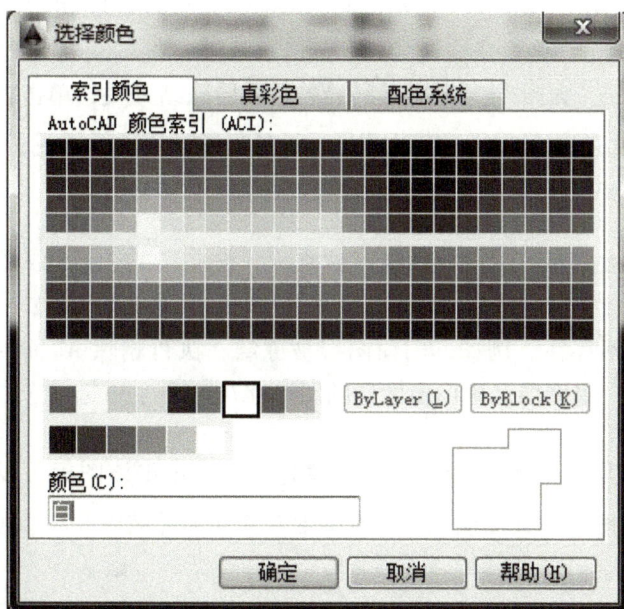

图 5-4 "选择颜色"对话框

在图层线宽上单击，弹出线宽对话框，我们可以选择需要的线宽。

> **注：** 默认情况下，CAD 在每张新建图形中都提供了一个图层，该图层名称为 0，其为系统自动建立的图层，颜色为白色，线型为实线，线宽为默认，0 图层不能被删除也不能被重命名，但可以重新设置它的颜色和线型。

当前层即为当前绘图所在的图层，只能选择一个层作为当前层，可将已建立的任意一个层设置为当前层。

1）新建、删除和置为当前。

① 单击"新建" 按钮，可以新建图层。将所有图形都绘制于同一个图层不是一个良好的绘图习惯，尤其是初学者，应该利用图层对不同类型的图形进行分类，以方便后期管理和修改。在 CAD 中，图层的数量不受限制，但并非越多越好，图层过多，反而成为图纸管理的累赘，但设置多少个图层合适，行业也没有权威界定，可以视情况而定。

② 在列表中选中图层后，单击"删除" 按钮，可以删除选中的图层，不过需要注意，在 CAD 中，只能删除空图层，也就是图层上没有任何图形对象的图层。

③ 选中某一图层后，单击"置为当前" 按钮，可以将选定的图层设定为当前图层，则后续绘制创建的对象都默认放置在该图层上。

2）设置图层属性。

① 打开/关闭图层，小灯泡图标 是图层开关，单击该图标可以循环地打开或关闭图

层，对于被打开的图层，其图层上的所有图形对象均为可见；对于被关闭的图层，其上所有图形对象均被隐藏。

② 冻结/解冻图层，太阳/雪花图标 ☼/❄ 是图层冻结开关，单击该图标可以循环地冻结/解冻图层，对于被冻结的图层，其图层上的所有图形对象均不可见；对于被解冻的图层，其上所有图形对象均被重新生成。当前图层不能被冻结。

> 注：修改时，被关闭的图层的对象可被修改，被冻结的图层的对象不会被修改。例如，关闭门窗图层，执行删除 All 命令，将所有窗口可见对象删除；打开门窗图层，则门窗图层的图形已不存在。例如，门窗图层被冻结，执行删除 All 命令，将所有窗口可见对象删除，解冻门窗图层，则门窗图层的图形存在。

3）锁定/解锁图层：锁状图标 🔓 是图层锁定开关，单击该图标可以循环地锁定或解锁图层，对于被锁定的图层，其图层上的所有图形对象均不可被修改，但可见，可以捕获改锁定图层上的图形对象。

4）关闭与冻结层上的实体均不可见，区别在于：后者执行速度比前者快，执行冻结命令后可增加实时缩放、移动图形等命令的执行速度。加锁后可在该层上绘图，但不能编辑该层上的实体。

3. 拓展知识点

对象特性：包括两种，一种是几何特性——用于确定对象的几何形状，如圆的半径，直线的长度、角度；一种是显示特性——用于定义对象的显示特征，如颜色、线型、线宽等。对象特性可以在绘制对象之前进行设置，也可以在对象绘出之后进行修改。

线型："格式"→"线型"，在"对象特性"工具栏上打开"线型控制"下拉列表框，从中选择"其他…"或命令行输入 LINETYPE（LT/LTYPE/DDLTYPE）。

命令选项说明：

加载线型：单击"加载"按钮，打开"加载或重载线型"对话框，从对话框中选择需要的线型，单击"确定"按钮后即可加载所需线型。

设置当前线型：选取线型，单击"当前"按钮，即可把选取的线型作为当前线型。

删除线型：选取不需要的线型，单击"删除"按钮。

修改已有对象的线型：选择要修改线型的对象→在"对象特性"工具栏上打开"线型控制"下拉列表框，从列表中选择所需线型。

设置（非连续）线型比例：不仅影响图形显示，也影响图形输出效果。

非连续线型是由短横线、空格等构成的重复图案，如虚线、点划线等。

线型比例的大小将影响（控制）非连续线型中的短横线的长短及空格的大小。在绘图时常会遇到这种情况，画的虚线或点划线和连续线一样，出现这种情况的原因是线型比例设置的太大或太小。

线型比例分为两种：

① 全局线型比例：用 LTSCALE 表示。LTSCALE 是控制线型比例的全局比例因子，它将影响图纸中所有非连续线型的外观，其值增加时，将使非连续线型中的短横线及空格加长；反之则短。打开"对象特性"工具栏上的"线型控制"下拉列表框→选择"其他"选项，打开"线型管理器"对话框→单击"显示细节"按钮，对话框底部将出现详细信息→在详细信息的"全局比例因子"文本框中输入新的比例值。命令行输入 LTSCALE，输入新线型比例因子。

② 局部线型比例：用 CELTSCALE 表示。CELTSCALE 用来控制当前对象的线型比例的，调整后所有新绘制的非连续线型均会受到影响。"线型管理器"对话框→"显示细节"按钮→在详细信息的"当前对象缩放比例"文本框中输入新的比例值。或命令行输入 CELT-SCALE，输入新线型比例因子。

缺省状态下，CELTSCALE = 1，该因子与 LTSCALE 同时作用在线型对象上。例如，将 LTSCALE 设置为 0.5，CELTSCALE 设置为 4，则系统在最终显示线型时采用的缩放比例将为 2，即最终显示比例 = LTSCALE × CELTSCALE。

线宽不仅影响图形显示，也影响图形输出效果。线宽用于直观地区分不同的实体和信息，但不能用来精确表示实体的实际宽度。"格式"→"线宽"，打开"设置线宽"对话框。或"对象特性"工具栏上的"线宽控制"下拉列表框。或命令行输入 LWEIGHT（LW/LIN-EWEIGHT）。

选项说明：在线宽列表框中，任选一个线宽值设置为当前的线宽值，也可以用来修改已存在图形的线宽值。

只有选中了"设置线宽"对话框中的"显示线宽"复选框后才能显示设置的线宽。

在状态栏中"线宽"按钮可方便地打开或关闭线宽显示。

宽值设置为 0 时，显示为一个像素宽，最细的线。"线宽"下拉列表框操作方法：选择对象→从"线宽"下拉列表框中选择线宽值，只修改所选对象的颜色，新绘制的线不受影响。不选择对象→从"线宽"下拉列表框中选择线宽值，调整后所有新绘制的线将会受到影响。

设置当前颜色或修改已有对象的颜色可通过"格式"→"颜色"，打开"选择颜色"对话框。或"对象特性"工具栏上的"颜色控制"下拉列表框。或命令行输入 COLOR（COL/COLOUR/DDCOLOR）。选择对象→从"颜色控制"下拉列表框中选择颜色，只修改所选对象的颜色，新绘制的线不受影响。不选择对象→从"颜色控制"下拉列表框中选择颜色，调整后所有新绘制的线将会受到影响。

图线的意义：装饰工程的图纸是通过线条来表示的，这种表示工程图的线条也称图线，图线是构成图纸的基本元素。制图时为表达工程图的不同内容，并使图纸准确、清晰、层次分明，必须采用不同类型的图线。因此，熟悉图线的类型和用途，掌握各类图线的形式和画法是装饰制图最基本的要求。

图线类型：装饰制图中常采用实线、虚线、单点划线、双点划线、折断线、波浪线、点线、样条曲线、云线等图线形式来表示图纸的不同位置，其中有些图线还分粗、中、细三种。每种图线都代表着不同的意义和作用，图线的种类和用途见表 5-1。

表 5-1　图线

名　称		线　型	线　宽	一　般　用　途
实线	特粗		1.4b	地坪线
	粗		b	1. 平、剖面图中被剖切的建筑和装饰构造的主要轮廓线 2. 房屋建筑室内装饰构造详图、节点图中被剖切部分的主要轮廓线 3. 平、立、剖面图的剖切符号
	中粗		0.7b	1. 平、剖面图中被剖切的建筑和装饰构造的次要轮廓线 2. 房屋建筑室内装饰立面图的外轮廓线 3. 房屋建筑室内装饰详图中的外轮廓线
	中		0.5b	1. 室内装饰中物体的轮廓线 2. 小于 0.7b 的图形线、家具线、尺寸界线、索引符号、标高符号、地面、墙面的高差分界线
	细		0.25b	尺寸线、引出线和图例的填充线
虚线	中粗		0.7b	1. 表示被遮挡部分的轮廓线（不可见） 2. 表示被索引图纸的范围 3. 拟建、扩建房屋建筑室内装饰部分轮廓线（不可见）
	中		0.5b	1. 表示平面中上部的投影轮廓线 2. 表示预想放置的物体或构件
	细		0.25b	表示内容与中虚线相同，适合小于 0.5b 的不可见轮廓线
单点长划线	中粗		0.7b	运动轨迹线
	细		0.25b	中心线、对称线、定位轴线
折断线	细		0.25b	不需要画全断开的界线
波浪线	细		0.25b	1. 不需要画全断开的界线 2. 构造层次断开的界线 3. 曲线形构件断开的界线
点线	细		0.25b	制图需要的辅助线
样条曲线	细		0.25b	1. 不需要画全断开的界线 2. 制图需要的引出线
云线	中		0.5b	1. 圈出需要绘制详图的图纸范围 2. 标注材料的范围 3. 标注需要强调、变更或改动的区域

　　线宽的等级：在装饰制图中为了区别图纸的部位，常将图线设置成不同的粗细等级，即采用不同的线宽，表达图纸的不同部位。在制图中线宽用 b 表示，根据现行行业标准《房屋建筑室内装饰装修制图标准》（JGJ/T 244）的规定，室内装饰制图的线宽 b 应从表 5-2 的线宽系列中选取：0.13、0.18、0.25、0.35、0.5、0.7、1.0、1.4（mm）。

不同的线宽组会有一定的粗细比例，其关系大致为：特粗线：粗线：中粗线：细线 ≈ 4：3：2：1。传统的工程图都用绘图器具手工绘制，而现在的装饰工程制图都采用计算机绘制。各个设计单位也都有自己的作图习惯与方法，但都应根据每个图纸的复杂程度和比例大小，先确定基本线宽 b，再选用表5-2中适当的线宽组。

表5-2　线宽组合　　　　　　　　　　　　（单位：mm）

线　　宽	线　宽　组　合			
b	1.4	1.0	0.7	0.5
$0.7b$	1.0	0.7	0.5	0.35
$0.5b$	0.7	0.5	0.35	0.25
$0.35b$	0.35	0.25	0.18	0.13

注：1）线宽组合应该使线条的粗细等级清晰易辨。
　　　2）需要缩微的图纸，宜采用更细的线宽组合。
　　　3）同一张图纸内，各不同线宽组合中的细线，可统一采用较细的线宽组。

为了清晰地表示图纸的图框和标题栏，可采用表5-3中的线宽来绘制。

表5-3　图框线、标题栏线的宽度　　　　　　　　（单位：mm）

幅面代号	图　框　线	标题栏外框线	标题栏分格线
A0、A1	b	$0.5b$	$0.25b$
A2、A3、A4	b	$0.7b$	$0.35b$

装饰制图的比例选取：图纸的比例应根据图纸用途与被绘制物象的复杂程度选取。装饰设计表示的内容比较详细，则需要用较大的比例，常用的比例有1：1、1：2、1：5、1：10、1：15、1：20、1：25、1：30、1：40、1：50、1：75、1：100、1：150、1：200。

选取比例时，应结合幅面尺寸，综合考虑最清晰的表达形式和图面的审美效果。当表达物象的形状复杂程度和尺寸适中时，可采用1：1的原值比例绘制；通常，当表达物象的尺寸较大而图纸较小时，则必须缩小比例，缩小后的图纸要保证复杂部位清晰可辨；当表达对象的尺寸较小时应采用较大比例，如2：1、3：1等，使各部位准确无误。

一般情况下，一个图纸应选用一种比例。根据表达目的的不同以及专业制图的需要，同一图纸中的图可选用不同比例，有些图纸也可选择特殊的比例，如1：7、1：8等。

装饰制图所用的比例，应根据装饰设计的不同部位、不同阶段的图纸内容和要求来选择，常用的比例见表5-4。

表5-4　室内工程制图常用比例

比　　例	部　　位	图纸内容
1：200～1：100	总平面、总顶面	总平面布置图、总顶棚平面布置图
1：100～1：50	局部平面、局部顶棚平面	局部平面布置图、局部顶棚平面布置图
1：100～1：50	不复杂的立面	立面图、剖面图
1：50～1：30	较复杂的立面	立面图、剖面图
1：30～1：10	复杂的立面	立面放样图、剖面图
1：10～1：1	平面及立面中需要详细表示的部位	详图

4. 能力训练题

新建图形，并分别按图 5-5 ~ 图 5-7 所示建立图层，指定不同颜色、线型、线宽等。

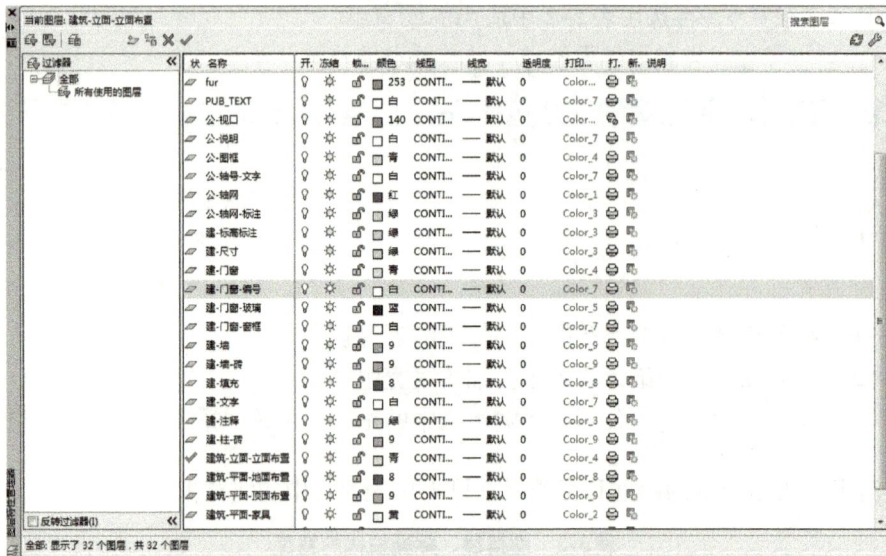

图 5-5　能力训练题一

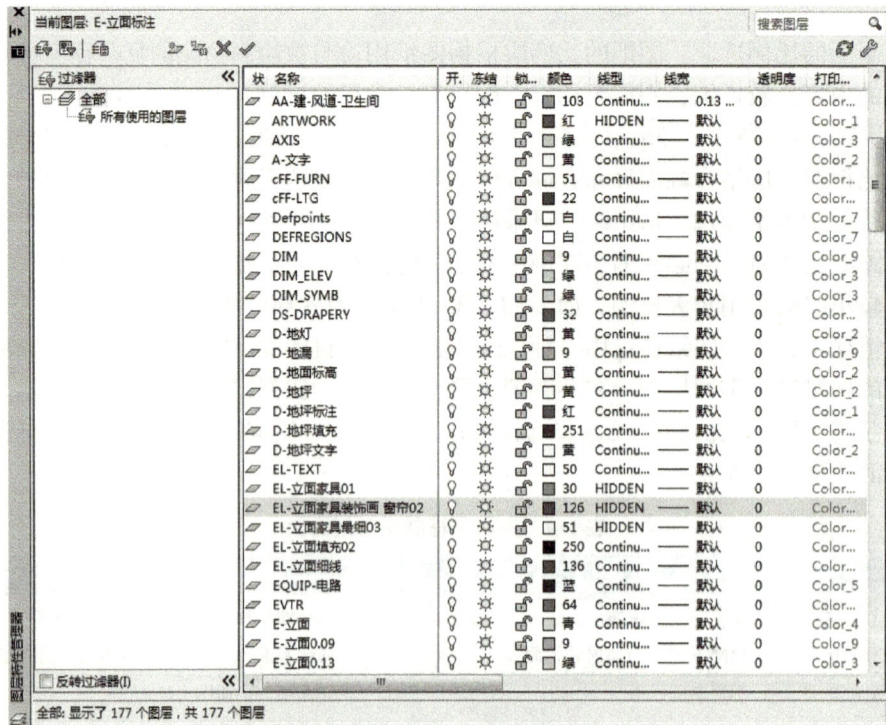

图 5-6　能力训练题二

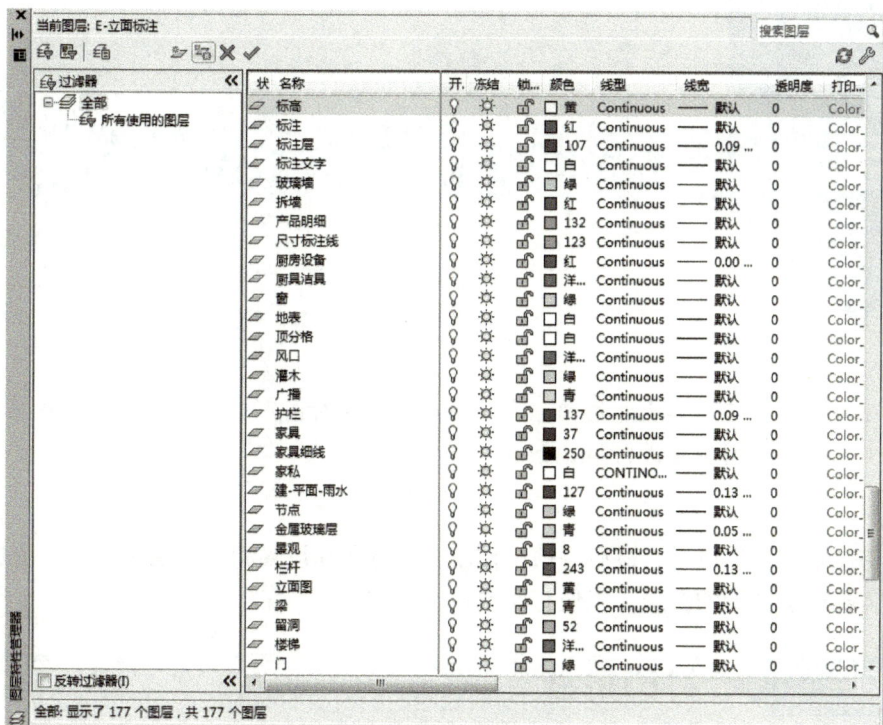

图 5-7　能力训练题三

项目六 布局图纸和打印输出

项目目标

通过本项目的学习，学生能够掌握布局命令，并能对图形进行布局分布，并能在计算机中熟练应用打印功能对图纸进行输出预览。

在所有图形制作完成后，最后一项工作就是进行布局设置和打印输出设置，依据图纸大小和绘图需要改变图形的布局，以便打印或输出操作。

任务一 打印形式

绘制图形后，可以将图纸打印出来，也可以创建成 DWF、DXF、PDF 等多种文件格式进行输出，还可以使用专门的绘图仪驱动程序以图像格式进行输出。

1. 纸质打印

在正确安装及配置打印机或绘图仪后，可以使用系统"添加新硬件"来安装打印机/绘图仪的驱动程序，在"打印"对话框的"打印机/绘图仪"下的"名称"框中选择与计算机连接的打印机/绘图仪，根据需要进行页面设置，应该注意根据打印机/绘图仪的不同，支持的图纸尺寸也不同，预览打印效果后确认执行打印任务。

2. DWF 格式打印

在"打印"对话框的"打印机/绘图仪"下的"名称"框中选择 DWF6 ePlot. pc3 配置，根据需要为 DWF 文件选择打印设置，在"浏览打印文件"对话框中，选择一个位置并输入 DWF 文件名，单击"保存"，即可将 DWG 文件打印为 DWF 文件。

任务二 设置打印出图

1. 模型图纸空间

"模型空间"主要用于对几何模型的构建，而在进行几何模型的打印输出时，则通常在图纸空间中完成。一般情况下，往往会在模型空间中同时绘制平面图、立面图、剖面图和详图等，打印时就涉及要打印哪个图或是多个图同时打印的排版布局，因此，AutoCAD 为多样化出图任务专门安排了工作环境，称为"图纸空间"，一个图纸布置方案称为一个"布局"。

2. 模型空间出图操作

在模型空间中调用打印命令后弹出"打印"对话框，如图 6-1 所示。

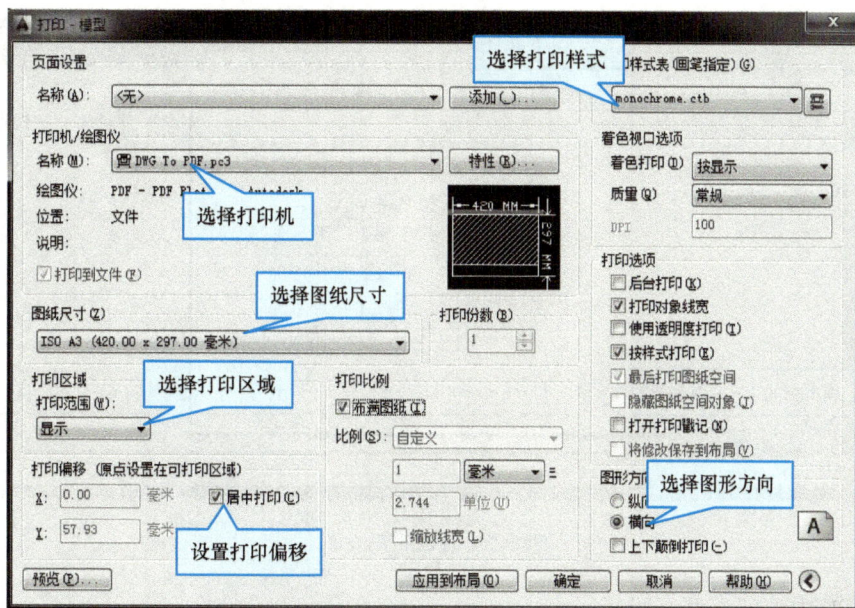

图 6-1　"打印"对话框

1）选择打印样式表：打印样式表控制对象的打印特性，若需彩色打印，选择 acad.ctb，若需单色打印，则选择 monochrome.ctb。

2）选择图纸尺寸：列表框中显示所选打印设备可用的标准图纸尺寸，若需自定义图纸尺寸，可单击打印机/绘图仪名称后的特性按钮进行设置。

3）选择打印区域：

① 显示：打印当前视口中的视图。

② 范围：当前空间内的所有几何图形都将被打印。

③ 窗口：如果选择窗口，则进入模型空间，通过指定两个角点确定一个窗口来打印该窗口内图形，这是最常用的选项。

④ 图形界限：打印图形界限定义的图形区域。

4）设置打印偏移：打印偏移是指打印区域相对于可打印区域左下角或图纸边界的偏移，一般设置为居中打印。

3. 布局图纸空间

布局图纸空间就像一张图纸，打印之前可以在上面排放图形。布局图纸空间用于创建最终的打印布局，而不用于绘图或设计工作。在 AutoCAD 中，布局图纸空间是以布局的形式来使用的，一个图形文件可包含多个布局，每个布局代表一张单独的打印输出图纸，在布局中可以创建并放置视口对象，还可以添加标题栏或其他几何图形。

4. 布局空间出图操作

1）在绘图区域底部单击"布局"选项卡，就可以进入相应的布局图纸空间，如图 6-2 所示。

2）在模型空间或图纸空间之间切换。在布局中工作时，可以在图纸空间中添加注释或其他图形对象，而不会影响模型空间或其他布局。如果需要在布局中编辑模型，则可使用如

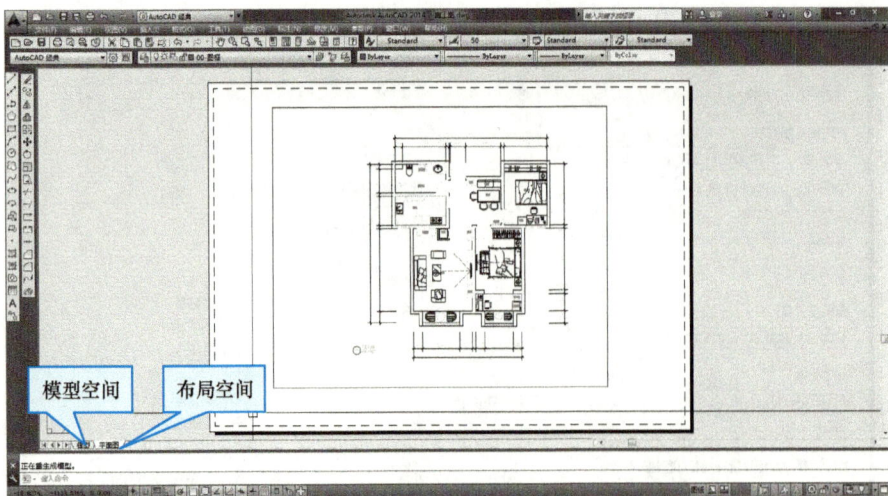

图 6-2　查看布局空间

下办法在视口中访问模型空间：

① 单击"模型"选项卡。

② 双击浮动视口内部。

③ 单击状态栏上的 模型 按钮。

④ 在命令行输入 MSPACE 或 MS。

从视口中进入模型空间后，可以对模型空间的图形进行操作。在模型空间对图形做的任何修改都会反映到图纸空间的视口以及平铺的视口中。如果需要从视口中返回图纸空间，则可相应使用如下方法：

① 双击布局中浮动视口以外的部分。

② 单击状态栏上的 图纸 按钮。

③ 在命令行输入 PSPACE 或 PS。

3）添加或删除布局。在任一布局选项卡上右击，在弹出的右键菜单中可以实现布局的添加、删除、重命名等管理工作，如图 6-3 所示。

另外，也可以通过 LAYOUT 命令实现布局管理：

命令行输入 LAYOUT，启动布局命令，命令行显示"输入布局选项［复制（C）/删除（D）/新建（N）/样板（T）/重命名（R）/另存为（SA）/设置（S）/?］＜设置＞："，可以选择相应选项进行布局管理。

4）使用布局进行打印的基本步骤。

① 在"模型"选项卡上创建主题模型。

② 单击"布局"选项卡，激活或创建布局。

③ 指定布局页面设置，例如打印设备、图纸尺寸、打印区域、打印比例和图形方向。

新建布局(N)

来自样板(T)...

删除(D)

重命名(R)

移动或复制(M)...

选择所有布局(A)

激活前一个布局(L)

激活模型选项卡(C)

页面设置管理器(G)...

打印(P)...

绘图标准设置(S)...

将布局作为图纸输入(I)...

将布局输出到模型(X)...

隐藏布局和模型选项卡

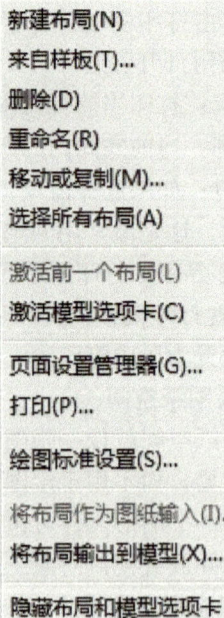

图 6-3　布局的右键菜单

④ 将标题栏插入到布局中（除非使用已具有标题栏的图形样板）。

⑤ 创建要用于布局视口的新图层。

⑥ 创建布局视口并将其置于布局中。

⑦ 设置浮动视口的视图比例。

⑧ 根据需要在布局中添加标注和注释。

⑨ 关闭包含布局视口的图层。

⑩ 打印布局。

5）创建布局视口。视口时显示用户模型不同视图的区域。在模型空间中，为了便于观察模型对象，可以将绘图区域拆分成一个或多个相邻的矩形视图，称为"模型空间视口"，又称"平铺视口"，同样，在图纸空间中也可以创建视口，称为"布局视口"，又称"浮动视口"，使用这些视口可以在图纸上灵活排列图形的视图。与平铺视口不同，浮动视口可以重叠，可以灵活编辑。

> **注：** 使用浮动视口的好处之一是：可以在每个视口中选择性地冻结图层。

创建专门用于布局视口的图层很重要，在打印时，可以关闭该图层不打印布局视口的边界而只打印布局。

布局视口也是一个图形对象，可以进行移动、删除、夹点编辑等操作，但应注意对视口的编辑操作应在视口未被激活的状态下进行。

调用方法：命令行输入 VPORTS。

6）视口的视图比例。在打印图形时往往需要按照制图标准中推荐的比例进行出图，这个工作在手工绘图时是在准备切割图纸时就应该确定的，但在 AutoCAD 中往往按照 1∶1 的比例进行绘图，而在打印时才在布局视口中确定出图比例，出图比例可以在视口的视图比例中精确设置。

调用方法：

① 视口→视图比例 `按图纸缩放`。

② 命令行：ZOOM 命令的 XP 选项。

> **注：** 确定了视口的视图比例后往往还需要缩放视图进行观察，此时，可将视口的比例锁定，使得缩放视口时可以保持视口比例不变，锁定视口比例的方法是：打开"特性"选项板，将"显示锁定"选为"是"，即 `显示锁定　　是`。

项目七　绘制装饰施工图

项目目标

通过了解设计和施工流程来学习施工图的由来，学会按照原始平面图、家具布置图、地面铺装图、顶棚天花图的顺序进行施工图的绘制。

装饰施工图是用于表达建筑物室内室外装饰美化效果的图，其以透视效果图为主要依据，采用正投影法反映建筑的装饰结构、装饰造型、饰面处理，以及反映家具、陈设、绿化等布置内容，图纸一般有平面布置图、顶棚平面图、装饰立面图、装饰剖面图和节点详图等。

任务一　设计/施工流程

1. 设计的基本流程

装饰设计分为三个阶段，分别是策划阶段、方案阶段和施工图阶段。

1）策划阶段包括任务书的设计、收集现场资料以及设计概念草图。任务书的设计是由业主提出的，包括使用功能、风格样式等；设计概念草图由设计师和业主共同完成，包括反映功能方面的草图、反映空间方面的草图、反映形式方面的草图以及反映技术方面的草图等。

2）方案阶段包括概念草图深入设计、与土建和装修前后的衔接、协调相关的工种以及方案成果。在概念草图的基础上，进行深入设计，进行方案的分析和比较；与土建和装修前后的衔接需注意承重结构和各管道设施；方案成果则作为施工图设计、施工方式、概预算的依据，包括设计说明、平面图、立面图、剖面图、透视图（效果图）、模型、材料样板等。

3）施工图阶段包括装饰施工图、设备施工图。装饰施工图包括设计说明、工程材料做法表、饰面材料分类表、装修门窗表、隔墙定位平面图、平面布置图、地面铺装图、天花布置图、放大平面图、立面图、剖面图、大样图和详图；设备施工图包括强电系统、灯具走线、开关插座、弱电系统、空调布置等。

2. 施工的基本流程及注意要点

（1）墙体改造　墙体改造主要是对户型进行调整，不少业主对于原有户型不太满意，所以在设计时会对原有墙体进行拆除并根据自身需要进行重新布局，墙体改造工序主要就是依照新设计的平面布置图进行拆墙和砌墙的施工。

墙体改造施工工序中需要注意的主要环节如下：

1）隔断墙才能拆除，承重墙则是不能破坏的。承重墙是指在砌体结构中支撑着上部楼层重力的墙体，在工程图上显示为黑色墙体，打掉会破坏整个建筑结构；非承重墙是指隔墙不支撑着上部楼层重力的墙体，只起到一个房间与另一个房间隔开的作用，一般在图中以细实线或虚标线标注。

2）拆除墙体时造成的噪声是非常大的，因而最好选择在非节假日和非午休时间进行，以免对邻居的日常生活造成干扰而引起一些不必要的纠纷。

3）在一些私密空间新砌的隔断墙如果采用轻钢龙骨加石膏板的做法，必须在中间夹上吸声棉，以提高隔断墙的隔声效果，此外还能起到隔热保温的作用，

（2）水电改造　水电改造通常是针对毛坯房和二手房而言的，目前不少的房产在销售时已经做好一定的装修，通常称为精装修，精装修的房子已经将水电工程完成，通常都不需要再进行改造了。装修中的水电改造属于隐蔽工程，也是最容易出现问题的工程。水电改造主要包括3个项目：水路改造、电路改造、煤气工程改造（由有资质专业施工队施工）。

水电改造施工工序中需要注意的主要环节如下：

1）水电工程从材料到施工的质量需要严格控制，一则因为目前水电改造大多采用暗装的方式，一旦出现问题则维修极为不便；二则水电工程一旦出现问题，损失的可能不只是金钱，还可能造成极大的安全隐患。相对而言，明装线路更利于维修，但不够美观。

2）电位的数量要仔细询问业主的需要，根据业主的实际需求设定电位的数量。原则上是"宁多勿少"。多了一两个最多就是显得不美观，但少了就会对日常生活造成不便。

3）不少家庭的橱柜都采用橱柜厂家定做的方式，因而在水电改造的同时需要联系橱柜厂家来进行实地测量和设计，根据橱柜的设计确定插座、开关的数量和位置及水槽的大小和位置，这样才能保证厨房水电改造的顺利进行。

4）给排水设备由厂家来提供：设备数据（全屋净水系统、排水系统）提前预留。

水电改造是一个非常复杂的工序，在这里只是简单地介绍一下工序要求，具体内容会在今后水电工程中做详细介绍。

（3）泥水工程　泥水工程通常是对室内的墙面和地面进行地面找平、贴瓷砖、做防水、装地漏等处理，贴砖必须在水电改造基本完成后才能进行。这里的砖通常是指瓷砖，但也有少部分室内空间会贴上一些天然石材，如大理石、花岗石等。

泥水工程施工工序中需要注意的主要环节如下：

1）装修工程的防水工程大多也是由泥水工完成，因而也可以将防水工程归入这个工序。做防水需要特别注意，在一些用水较多的空间，如卫生间、生活阳台等处绝对不能省略防水处理，也不能漏刷、少刷，漏刷、少刷一点都有可能导致渗漏，一旦渗漏，不仅对自己的室内造成损害，甚至还会因为渗漏到楼下造成不必要的麻烦。

2）在泥水工程施工的同时，可以请空调商家派人来将空调孔打好。

（4）木工工程　木工工程是所有工程中最重要的一个环节。木工工程质量的好坏直接影响到装饰后的整体效果，同时木工工程也是各种施工工序中施工时间较长的一道工序，涉及的材料和配件也比较多，木工的内容包括衣柜、鞋柜等各类家具的制作，室内天花板、天花吊顶（石膏线、石膏花）的施工，门及门套的制作，背景墙的制作等。

木工工程施工工序中需要注意的主要环节如下：

1）随着成品家具和用品的盛行，不少室内空间都采用购买成品家具和用品的方式，

比如购买成品衣柜、书柜、橱柜和成品门等，所以目前木工的工作量比以前有了大幅下降。

2）木地板的施工通常也是由木工来完成。木地板的安装最好安排在油漆工程之后进行，这样可以避免经常被踩和沾染上油渍。很多商家在销售木地板的同时还可以提供木地板的安装，由商家提供安装可以避免在地板出现问题时无法分清造成该情况的原因是施工问题还是材料本身的问题。

（5）油漆工程　油漆工程是装修中的"面子"工程，木工做完后最终效果还是要靠油漆工程来完成，所以业内有"三分木，七分油"的说法。油漆工程通常包括木制品和墙面乳胶漆及其他各类特种涂料的施工。

油漆工程施工工序中需要注意的主要环节如下：

1）在油漆工程施工时，需要停掉那些会制造粉尘的施工，给油漆施工营造一个相对干净、无尘的环境，以避免粉尘对油漆施工的影响，这样才能确保油漆施工的质量。

2）墙面乳胶漆的施工必须是一底两面，即刷一遍底漆，刷两遍面漆，底漆能提高面漆附着力，并有抗碱、防霉变、耐老化的作用。施工省略掉底漆，可能造成以后墙漆出现脱落、起块、霉斑等各种问题。

3）墙面乳胶漆刷最后一遍面漆最好安排在安装开关插座、铺地板之类工程之后，这些安装工程难免会对墙面造成一定的污损，所以将最后一遍面漆留到安装工程之后进行可以在一定程度上弥补这些问题。

3. 完整施工图

一套完整的装饰施工图首先是封面，其他图纸如下：

1）图纸目录：包含哪些图纸，以及图纸页码。

2）设计说明：房屋基本情况介绍及设计师是怎么设计的。

3）原始平面图：详细标注室内尺寸，门窗、梁柱、进水口、地漏、煤气管道位置等。

4）平面设计图：说明各个房间功能的图。

5）天花吊顶图：天花造型的尺寸、定位，灯具位置，详细索引，到地面高度，具体大样等。

6）地面铺贴图：材料种类，地砖、地板规格和范围、地砖拼花等。

7）水电图：就是水电怎么走，强弱电箱在哪里，注意强弱电要分开，还可细分为灯具、开关、插座布置图、给水平面图、强弱电图等。

颗粒素养

建筑装饰专业学生未来从事室内设计工作，该专业的学生需要掌握装饰装修设计以及施工流程，并能熟练掌握一张完整的施工图都包括哪几部分，使学生养成爱岗敬业的职业素养。任何一个设计师的良好修养反映在装修的各个方面，懂制图，会看图，熟悉各种土建材料和建筑装修材料（材料的性能、特点、尺寸规格、色泽、装饰效果和价格等），正确选用各种材料和恰当的搭配各种材料，并对装修施工工艺要熟悉，以确保装饰装修的质量。

任务二　绘制两室建筑平面图

1. 绘图步骤

绘制如图 7-1 所示的某住宅两室建筑平面图。

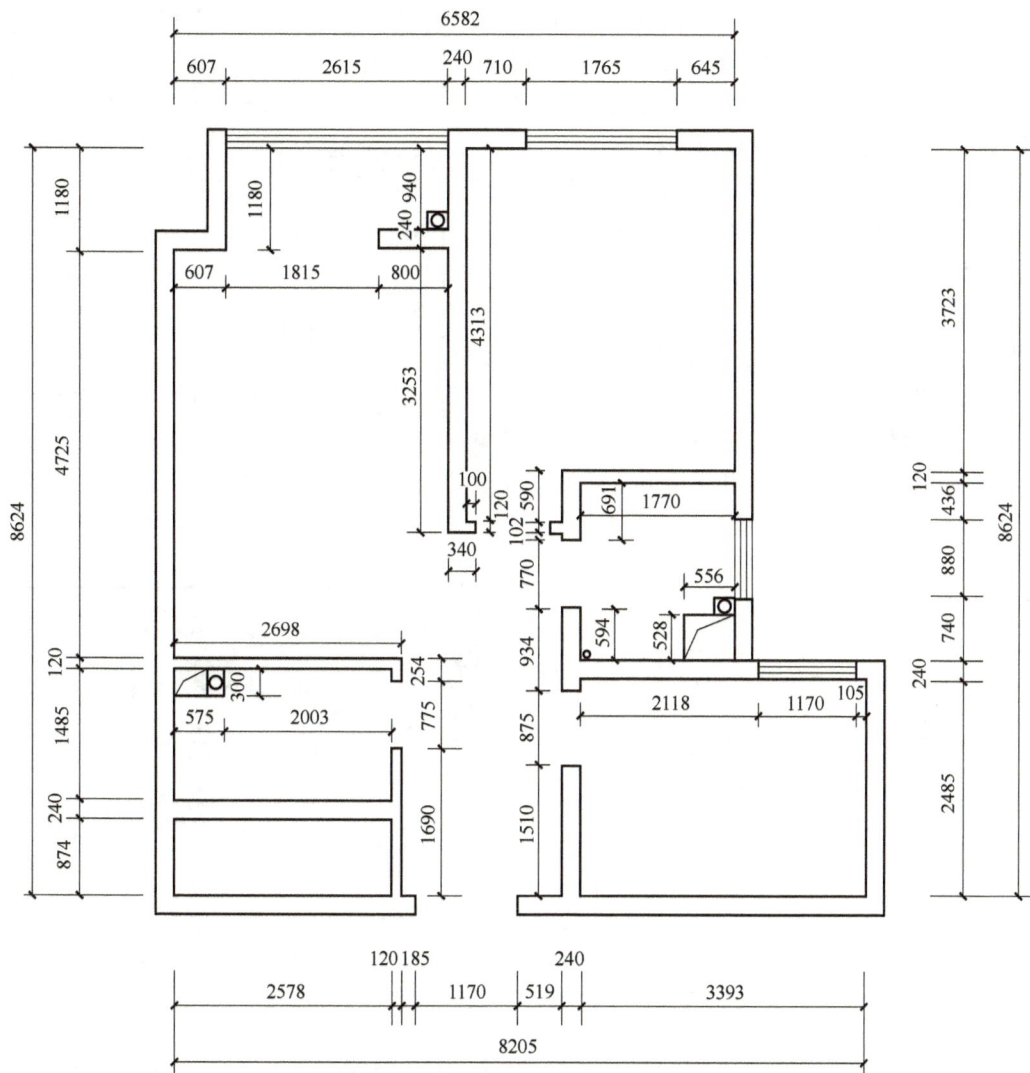

图 7-1　某住宅两室建筑平面图

步骤 1：打开 AutoCAD 软件进入主界面，设置单位及绘图环境，单位设置为 mm，如图 7-2 所示。键盘上按 <F7> 键关闭栅格，输入 OP，打开"选项"对话框，将十字光标调到 100%，拾取框大小调到中间偏左一些，如图 7-3 所示，并设置自动保存分钟数为 8 ~ 20min 即可（养成保存的好习惯）。

绘制两室建筑平面图

注： 通过单线画内墙，向外偏移墙厚得到外墙的画法画建筑平面图，也就是由量房到放图的方法。

步骤2："新建图层"（LA）命令，新建墙体灰色、家具黄色、门窗青色、厨具卫浴黄色、尺寸标注红色、文字白色，具体步骤详见项目五。

步骤3：文字设置，键盘输入 ST 并按空格键确认，新建文字样式"仿宋"，设置高宽比 0.7，文字高度 0，具体步骤详见项目四任务一。

步骤4：尺寸标注设置，键盘输入 D 并按空格键确认，设置常用比例样式 1:100 和 1:50，具体步骤详见项目四任务二。

步骤5：将墙体图层置为当前层，画建筑平面图，键盘输入 L 并按空格键确认，调用"直线"命令，通过单线由入户门一侧开始画出内墙，然后键盘输入 O 并按空格键确认，调用"偏移"命令，偏移外墙。使用"倒角"（F）命令倒出直角，使所有外墙完整。

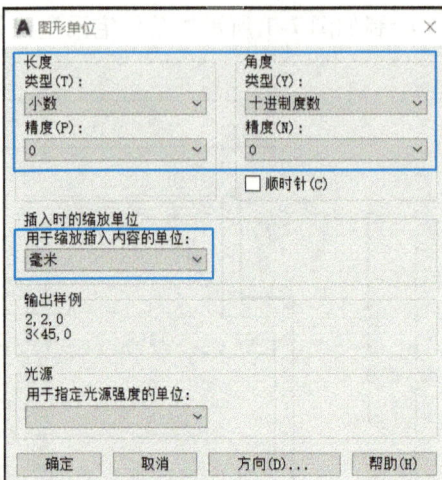

图 7-2 单位设置

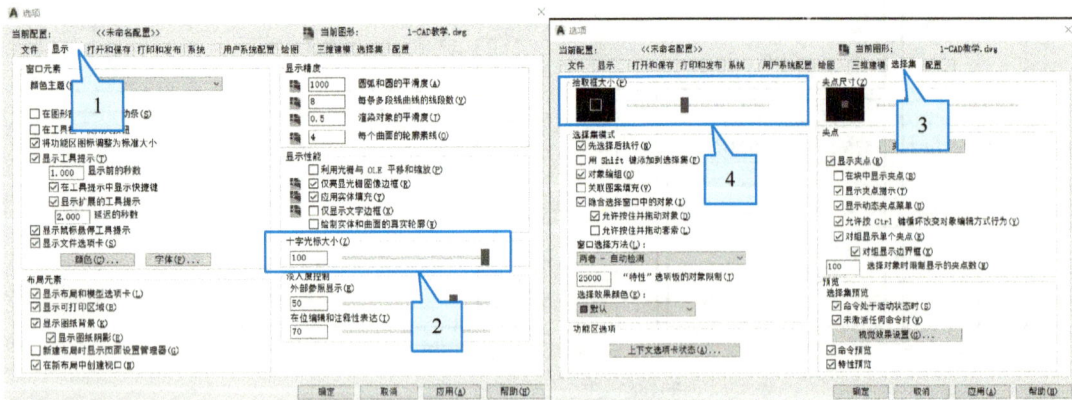

图 7-3 选项设置

步骤6：修剪出窗户以及门洞的位置，将门窗图层置为当前层，按照图上尺寸将门窗绘制完成。

步骤7：将尺寸标注图层置为当前层，使用"标注"（DLI）命令标出尺寸，然后用"连续标注"（DCO）命令进行标注。

注： 观察图中为两道尺寸线，第一道尺寸为内墙尺寸，标注样式需要符合建筑制图规范。

步骤8：最后使用"多行文本"（T）命令在图下方标出"建筑平面图"图名及比例，

如图 7-4 所示。

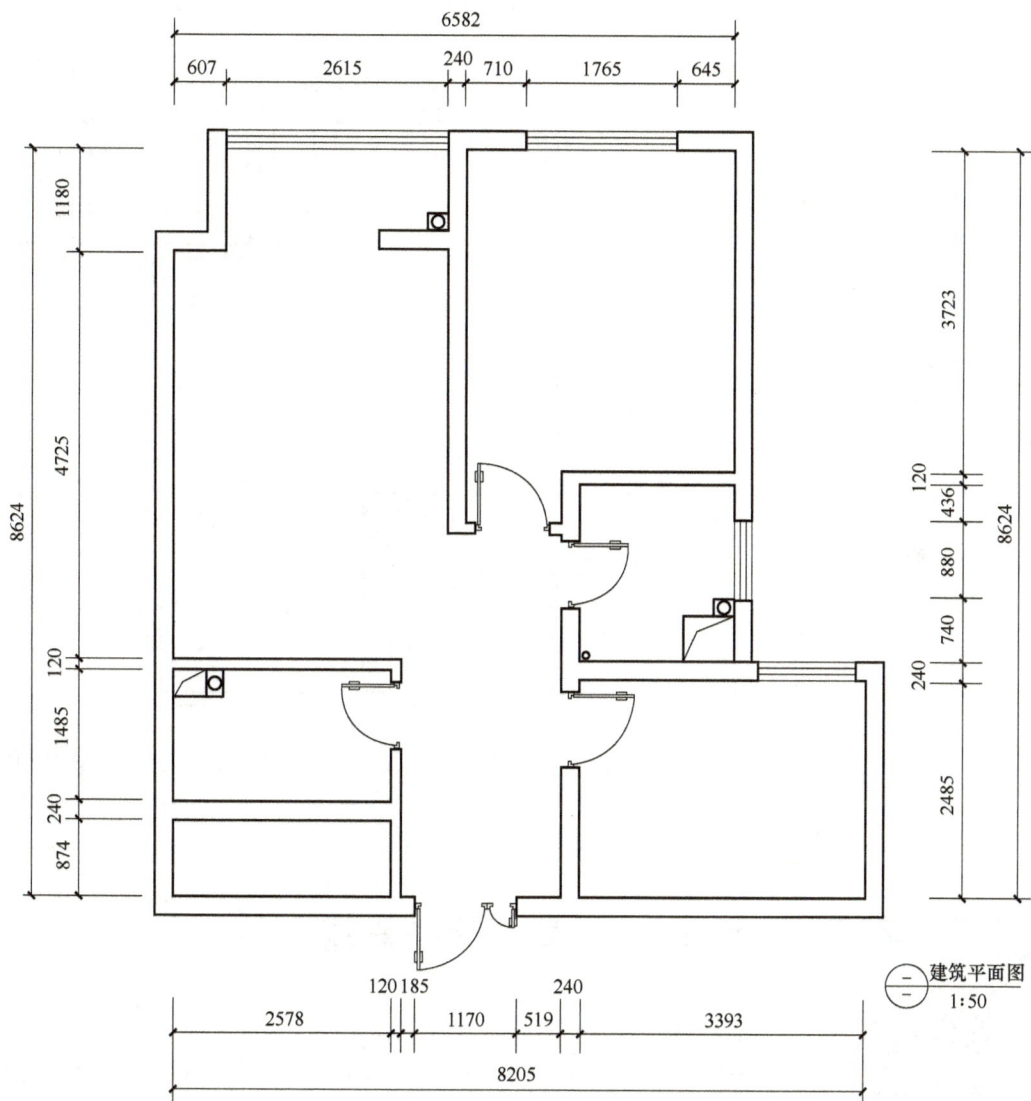

图 7-4　建筑平面图

颗粒素养

教会学生识（画）图顺序，一般都是从入户门→客厅→餐厅→主卧→次卧→厨房→卫生间，让学生养成由主要空间到次要空间的观察和画图顺序，避免丢三落四。身为一名设计人员，严谨规范的作图习惯和责任意识必须从学习阶段就开始进行培养，这样在今后的工作中，才不会因为图纸出错未能及时察觉，造成延误工期、资金材料浪费甚至重大安全事故的出现。

2. 能力训练题

图 7-5 所示为某住宅墙体定位图，根据图中所示尺寸将其绘制出来。

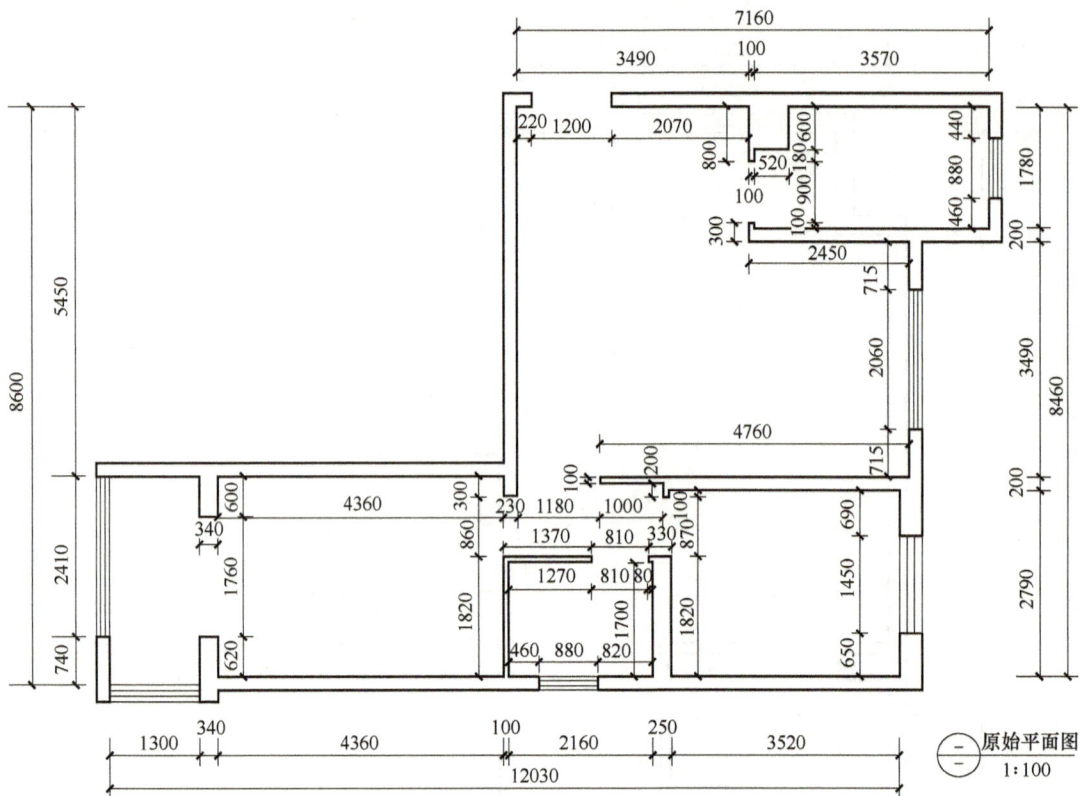

图 7-5　能力训练题——某住宅墙体定位图

任务三　绘制两室家具平面布置图

绘制两室家具
平面布置图

1. 绘图步骤

平面布置图要注意设计功能，如玄关、餐厅、厨房、客厅、卫生间等，应根据人体工程学来确定空间尺寸，如过道宽度、沙发摆放位置及沙发尺寸等。

抄绘如图 7-6 所示的某住宅两室家具平面布置图。

> **注：** 分析此任务与前任务的区别与联系。例如，同样包含墙体图层，新建家具图层、内容、图名等。

步骤 1：将家具图层置为当前层，画家具平面布置图，键盘输入 CO 并按空格键确认，调用"复制"命令，将任务二平面图进行复制，将图层调到家具图层，找到相类似的家具洁具模块进行放置。

步骤 2：将文字图层置为当前层，键盘输入 T 并按空格键确认，调用"多行文本"命令，对每个房间及家具标注，房间字高为 3.5，家具字高 1.5，切记文字高度要符合建筑制

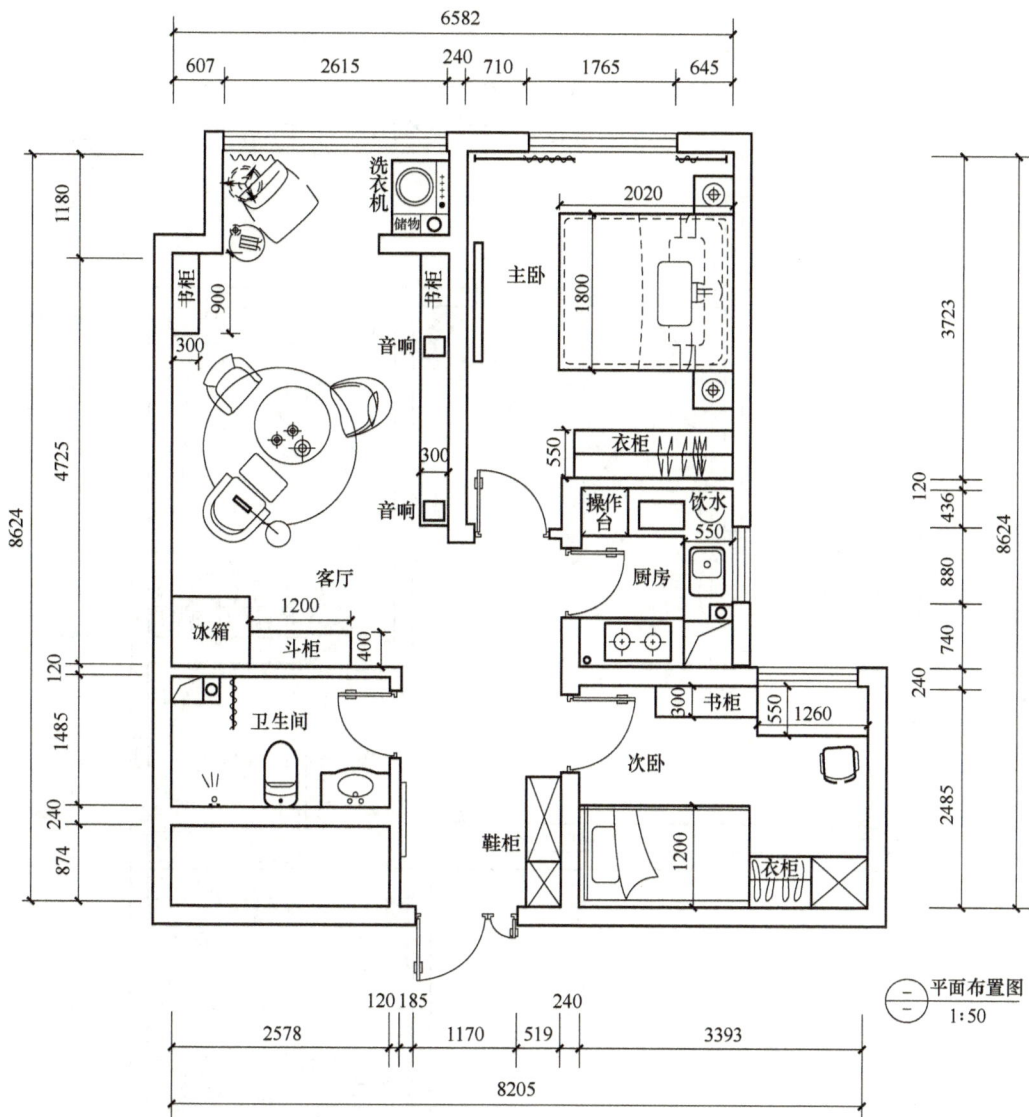

图 7-6   某住宅两室家具平面布置图

图规范，最后修改图名"家具平面布置图"。

颗粒素养

　　家具平面布置图需要熟记常见家具尺寸，结合人体工程学和主人的生活行为习惯分析家具与动线的关系，"以人为本"的设计理念，注重生活方式的总结，发现美的设计创意，学会观察生活，探索创新，使学生养成精益求精、一丝不苟的职业素养。

2. 能力训练题

　　图 7-7 所示为某住宅家具平面布置图，请根据其尺寸绘制原始平面图后，进一步完成平面布置方案的设计。

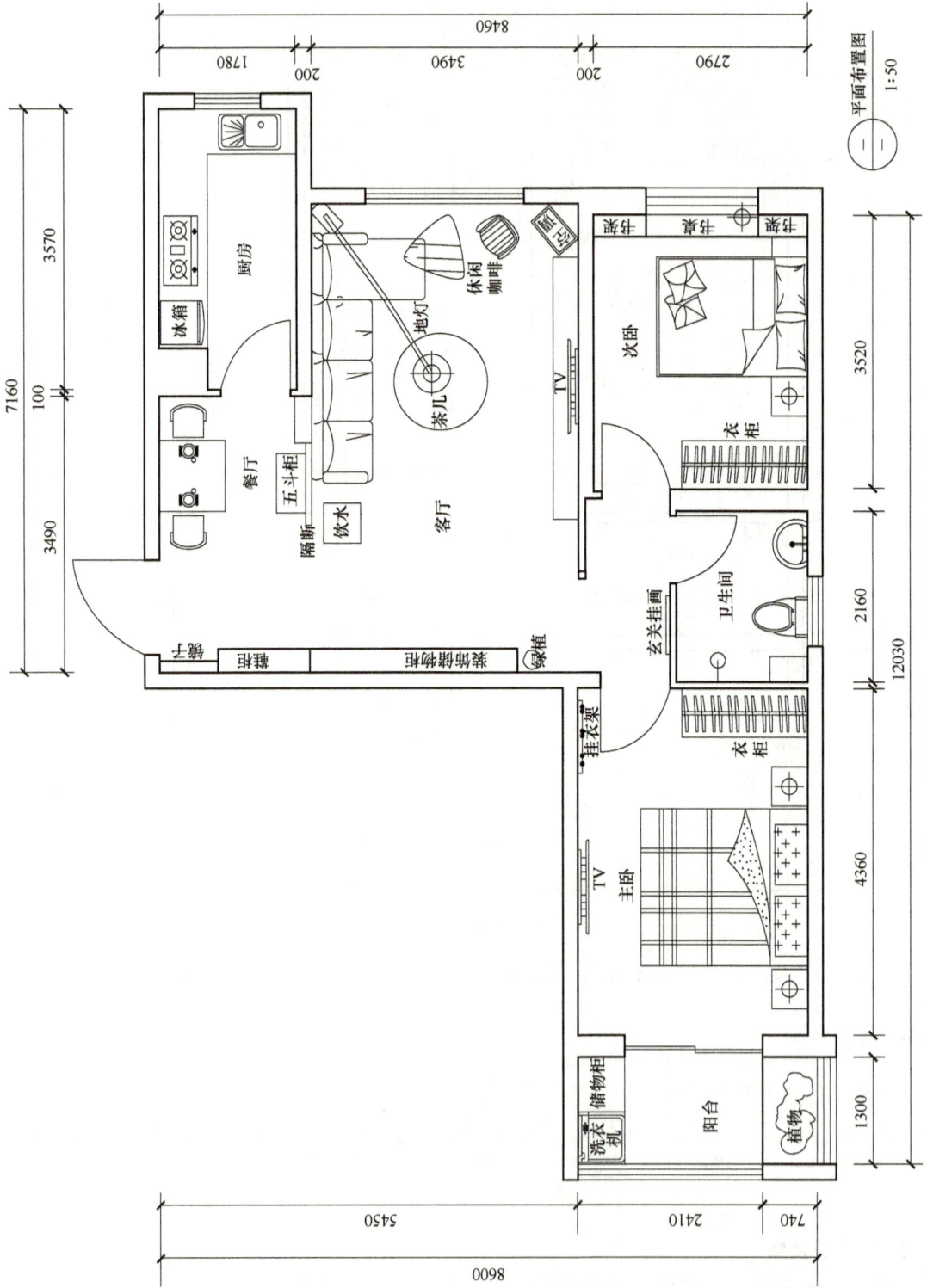

图 7-7 能力训练题——某住宅家具平面布置图

任务四　绘制两室地面布置图

1. 绘图步骤

地面布置图反映地面装饰风格情况、拼花、材料等，绘制如图 7-8 所示的某住宅两室地面布置图。

绘制两室地面布置图

注： 分析此任务与前任务的区别与联系。例如，同样包含墙体图层，新建地面铺装图层、内容、图名等。

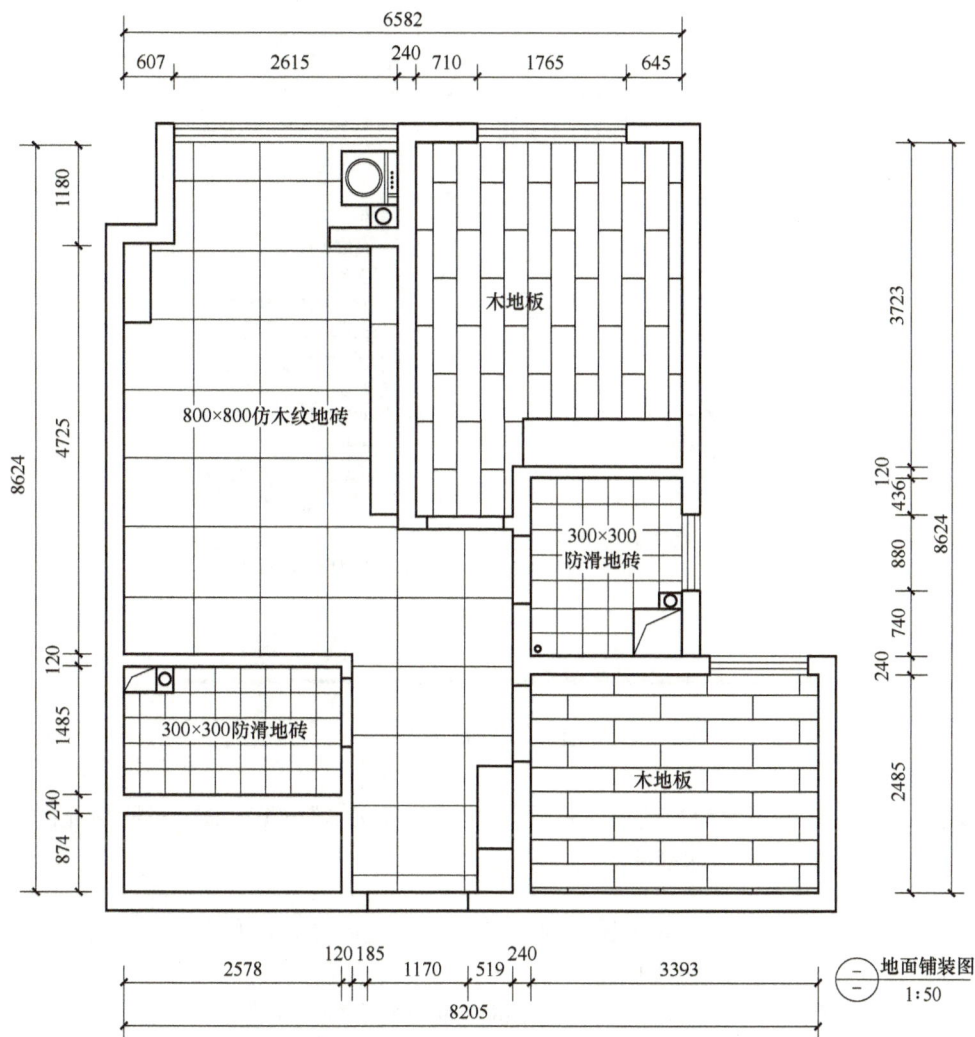

图 7-8　某住宅两室地面布置图

步骤 1：新建地面铺装图层灰色和材料标注图层红色，画地面铺装图，键盘输入 CO 并按空格键确认，调用"复制"命令，将任务二平面图进行复制，调用"删除"（E）命令，将门删掉，新建地面和材料标注图层。

步骤2：将地面铺装图层置为当前层，选择地面图层，调用"矩形"（REC）命令，将门洞位置补上矩形，即对门洞进行闭合操作。

步骤3：选择填充图层，对每间屋子进行填充（H），填充图案时注意图案比例接近实际尺寸大小（例如，木地板宽20cm，图案宽度应该接近20cm大小），填充图案为具体尺寸时应该使用图案填充类型里的用户定义，输入具体间距尺寸填充，如图7-9所示。

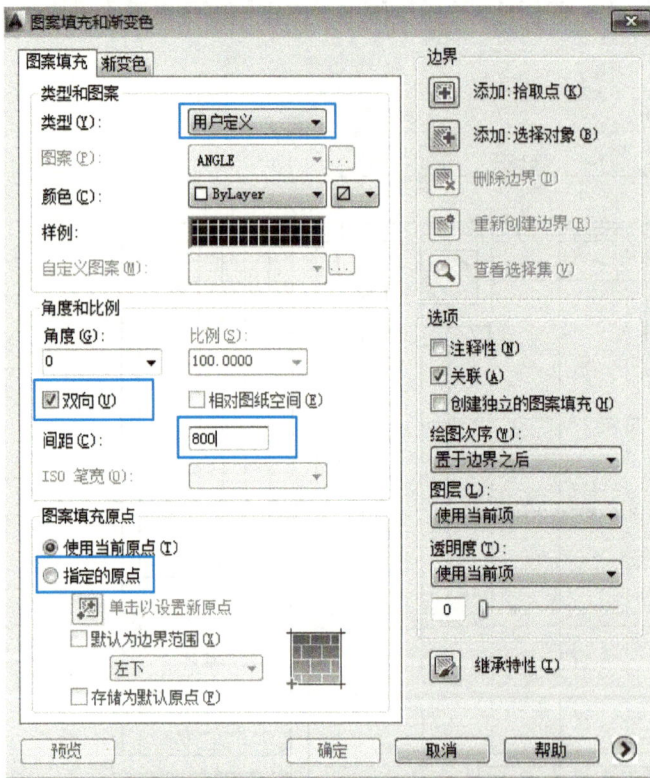

图7-9 地面填充

步骤4：将文字图层置为当前层，最后使用"多行文本"（T）命令对所填充的图案进行标注，最后修改图名"地面铺装图"。

注：1）选择指定原点、填充图案时注意原点（起始点）的位置，起始点的位置决定了地面砖的排砖顺序和铺贴顺序。
2）地面布置图需要了解不同空间常用的地面材料和施工工艺。

2. 能力训练题

图7-10所示为某住宅地面铺装布置图，请根据其尺寸绘制原始平面图后，进一步完成地面布置方案的设计。

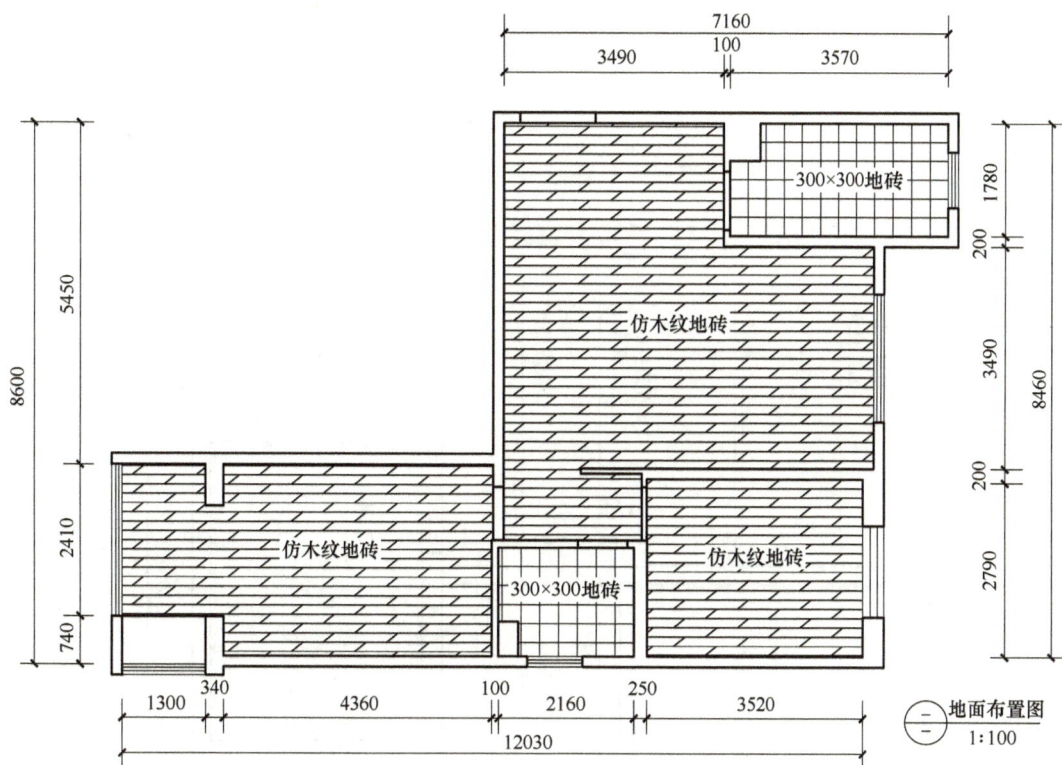

图 7-10　能力训练题——某住宅地面铺装布置图

任务五　绘制两室顶面布置图

1. 绘图步骤

绘制如图 7-11 所示的某住宅两室顶面布置图。

注： 分析此任务与前任务的区别与联系。例如，同样包含墙体图层、尺寸标注图层，新建顶面造型图层、灯具图层、材料标注图层，以及内容、图名等的变化。

绘制两室顶面布置图

步骤 1：复制平面图，删除掉与顶面无关的图形元素，在平面图的基础上充分考虑照明、排气等功能要求，制定顶面布置方案，并着手进行绘制。新建图层：顶面造型图层，颜色设置为绿色；灯具图层，颜色设置为黄色；标高图层，颜色设置为黄色。

步骤 2：将顶面造型图层置为当前层，调用"直线"（L）命令，按照图中造型尺寸从入户门→走廊→客厅→餐厅→主卧→次卧→厨房→卫生间的顺序绘制出顶面造型线。

步骤 3：将灯具图层置为当前层，按照图中灯具尺寸从入户门→走廊→客厅→餐厅→主卧→次卧→厨房→卫生间的顺序，根据制定的顶面设计方案，对所需灯具的图例表达汇总为

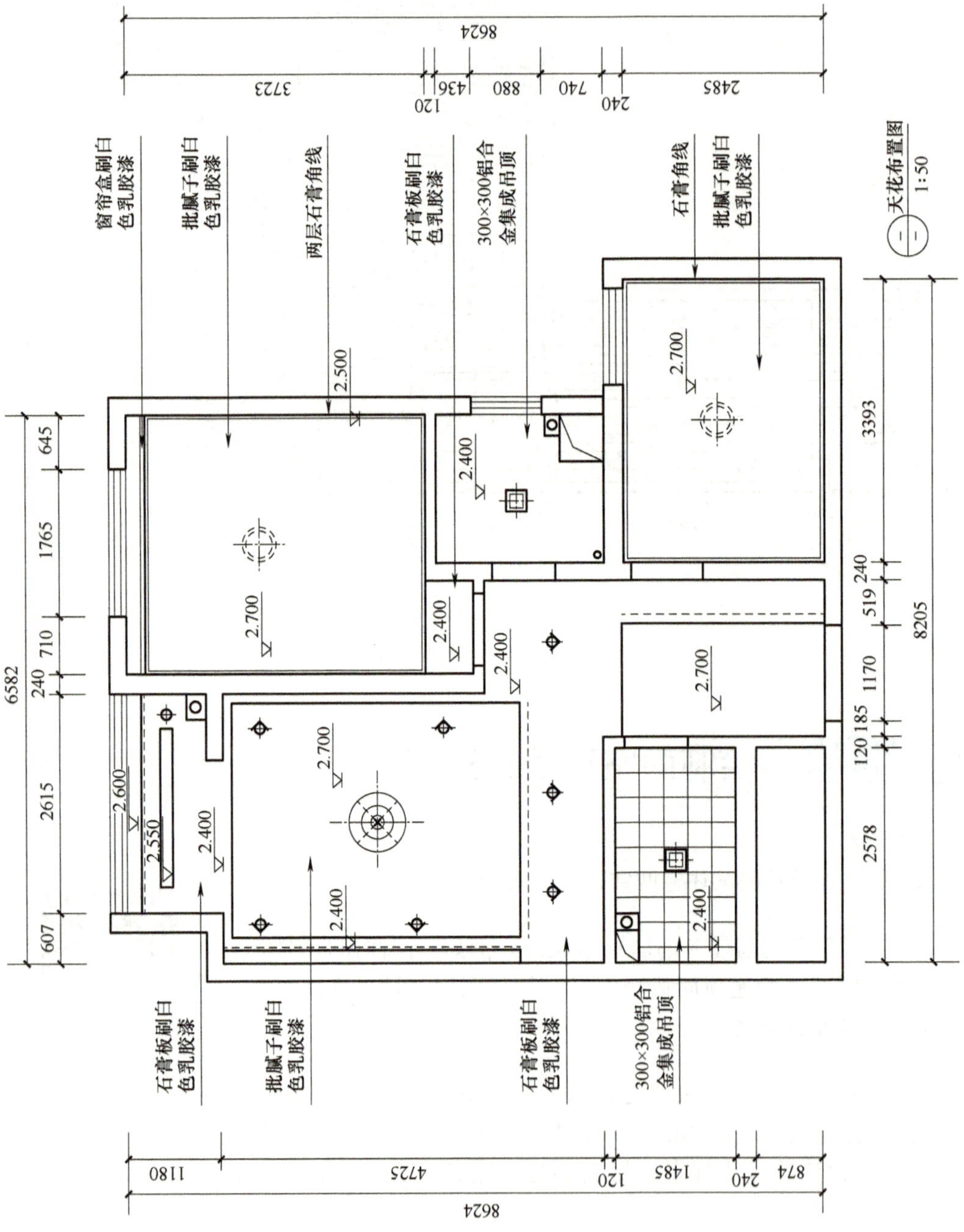

图 7-11　某住宅两室顶面布置图

图例表，然后在平面图的合适位置插入相应的灯具图块，对于较为简单的顶面设计方案也可用引线标注来进行说明。

步骤4：将标高图层置为当前层，按照图中造型的标高从入户门→走廊→客厅→餐厅→主卧→次卧→厨房→卫生间的顺序依次绘制标高，标高是顶面造型的重要参数，如果造型较为复杂，简单的标高难以表达清楚，则需要立面图或详图进行表达。

步骤5：将材料标注图层置为当前层，按照图中材料标注的位置从入户门→走廊→客厅→餐厅→主卧→次卧→厨房→卫生间的顺序标注材料，为的是标注清楚顶面的材料，便于施工。

步骤6：将尺寸标注图层置为当前层，按照图中造型尺寸、灯位尺寸从入户门→走廊→客厅→餐厅→主卧→次卧→厨房→卫生间的顺依次标注尺寸，为的是对顶面造型进行标注以指导施工。

步骤7：将图名改为"天花布置图"，核对比例。

注：1）顶面布置图需要了解不同空间常见的顶面装饰手法、材料和施工工艺。

2）观察图表里有没有增加"灯具表"，不同符号代表不同种类的灯具，掌握灯具符号的画法。

3）熟悉不同空间的灯具尺寸，例如客厅吊灯800mm、卧室吸顶灯400mm、餐厅吊灯600mm、阳台卫生间集成灯具300mm等（掌握规律：图中体现的尺寸一定要参照实际大小）。

4）材料标注中文字大小和快速引线的箭头大小要符合制图规范。

颗粒素养

对室内造型进行设计的时候，应根据室内空间环境的使用功能、视觉效果、艺术构思以及客户需求来确定顶面的布置，不仅顶面造型、顶面材料的选用是设计方案的重要表现，照明设施同样是非常重要的，灯光不仅能提供室内照明，还能起到画龙点睛的作用，往往灯具类型及形状的选择搭配对整个室内装饰效果起到举足轻重的作用，观看顶面布置图可以看到顶面各种平面装饰的造型、形式和尺寸大小，使学生熟悉各种类型灯具的安装位置、间隔尺寸、安装方式，熟悉吊顶所用的材料、色彩的搭配等，了解顶面浮雕、花饰、藻井、边角等的施工方法，使学生具有创新精神和立业创业能力，并具有继续学习的能力和适应职业变化的能力。

2. 能力训练题

如图7-12～图7-14所示，请根据其尺寸绘制原始平面图后，进一步完成天花布置方案的设计。

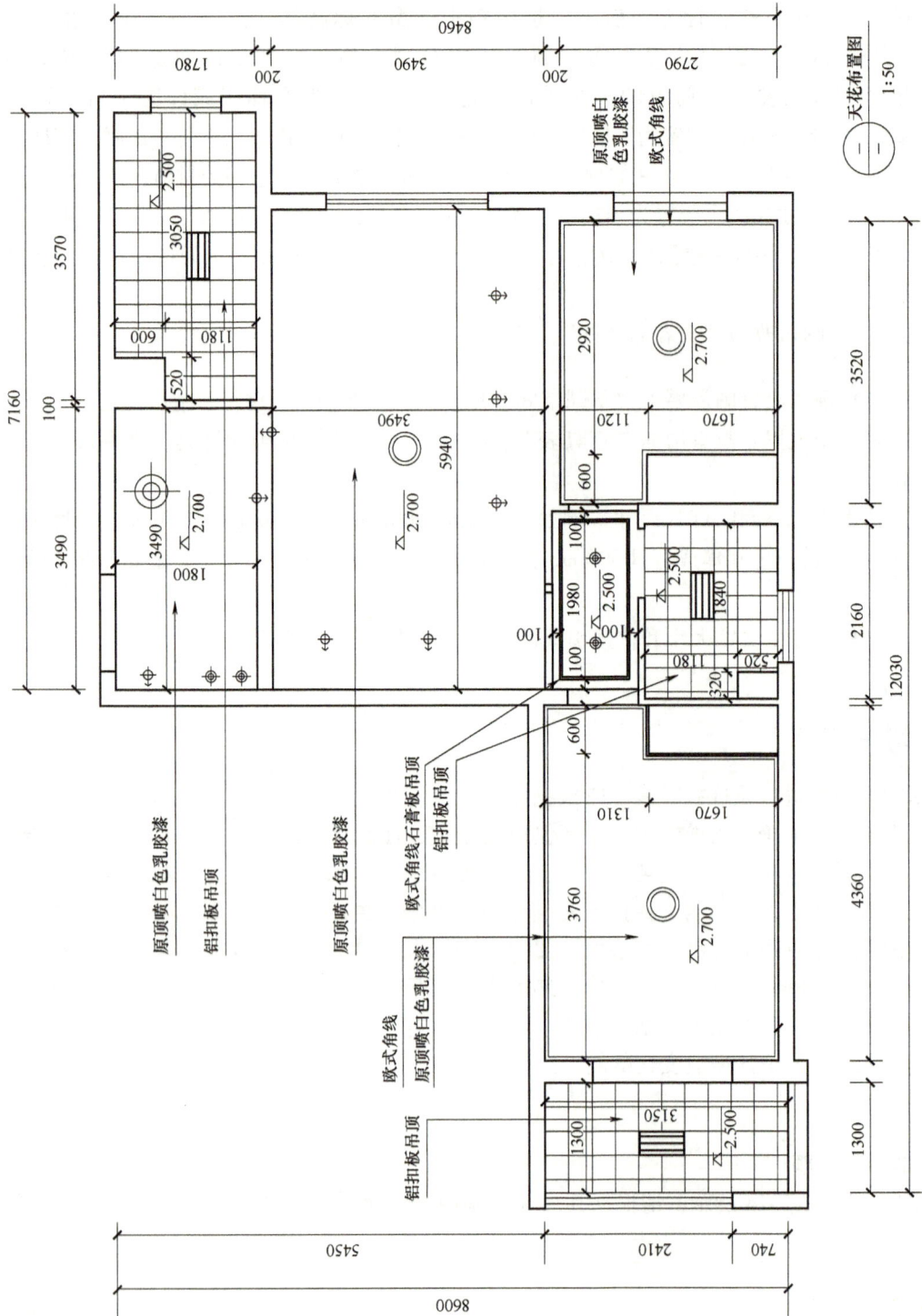

图 7-12 能力训练题一

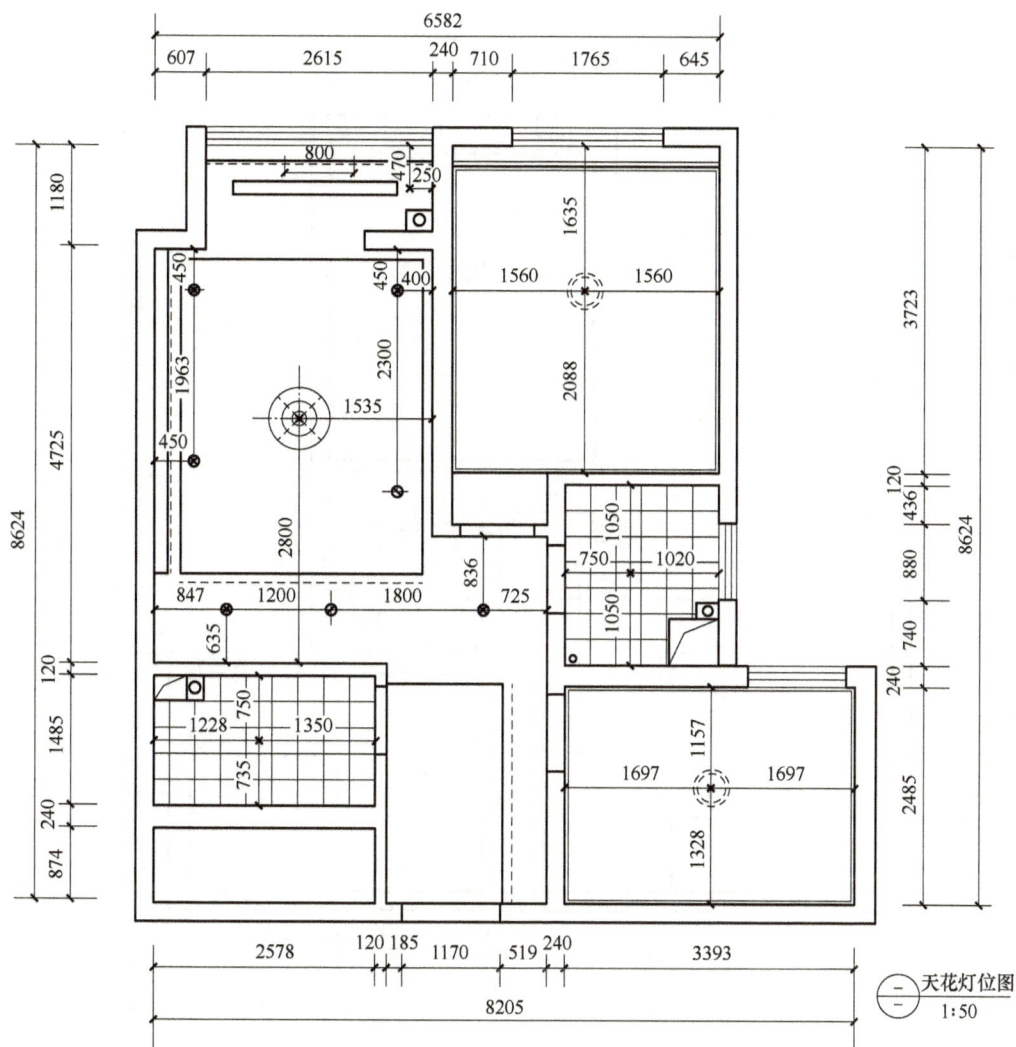

图 7-13　能力训练题二

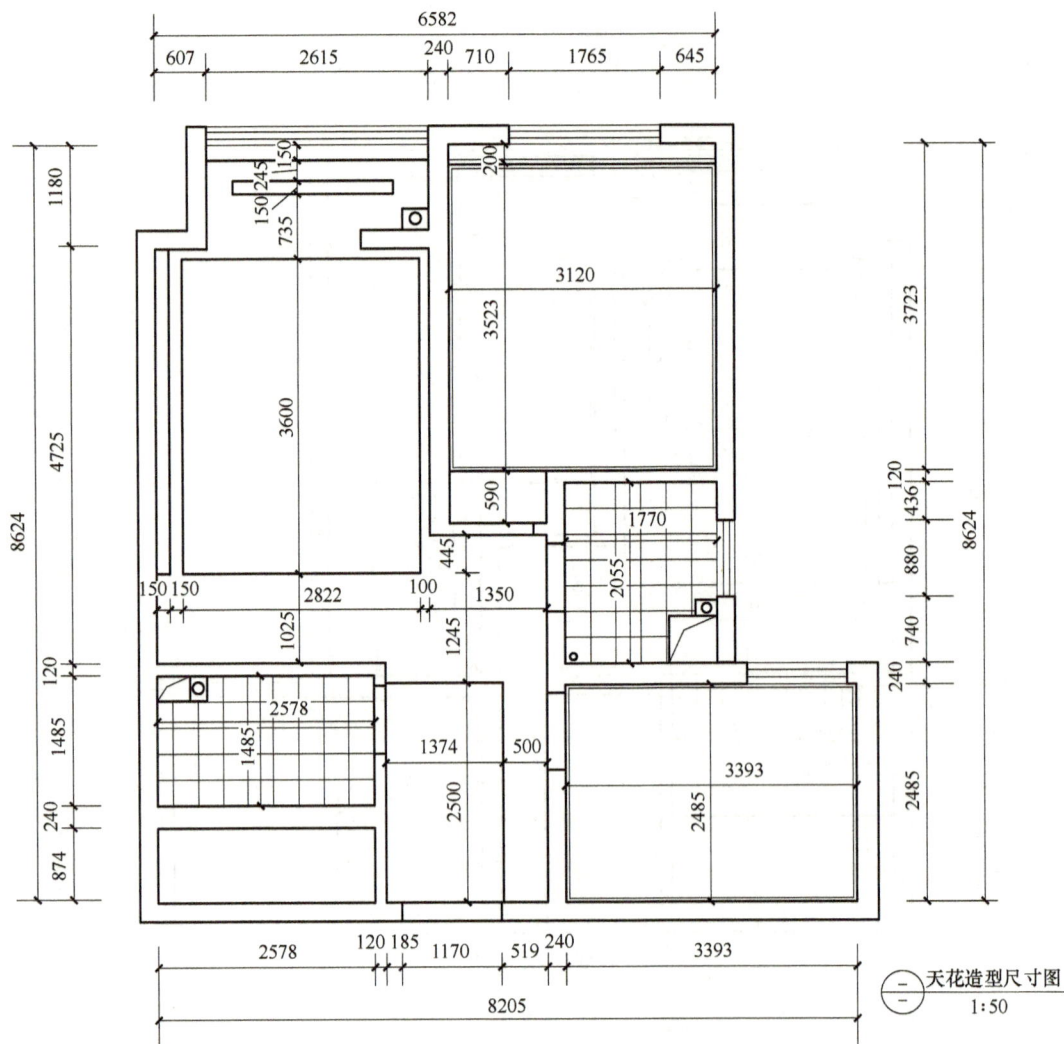

图 7-14　能力训练题三

附　录

附录 A　　常用字母类快捷键命令

表 A-1　特性快捷键命令

快捷键命令	命 令 全 称	命 令 意 义
MA	MATCHPROP	属性匹配
ST	STYLE	文字样式
LA	LAYER	图层操作
LT	LINETYPE	线型
LTS	LTSCALE	线型比例
LW	LWEIGHT	线宽
UN	UNITS	图形单位
ATT	ATTDEF	属性定义
OP	OPTIONS	自定义 CAD 设置
PU	PURGE	图形清理
RE	REDRAW	重新生成
AA	AREA	面积
DI	DISTANCE	距离
LI	LIST	显示图形数据信息

表 A-2　绘图快捷键命令

快捷键命令	命 令 全 称	命 令 意 义
A	ARC	圆弧
B	BLOCK	图块操作
C	CIRCLE	圆
DO	DONUT	圆环
L	LINE	直线
XL	XLINE	射线
PL	PLINE	多段线
ML	MLINE	多线
SPL	SPLINE	样条曲线
PO	POINT	点

（续）

快捷键命令	命 令 全 称	命 令 意 义
POL	POLYGON	正多边形
REC	RECTANG	矩形
EL	ELLIPSE	椭圆
REG	REGION	面域
T	MTEXT	多行文本
DT	TEXT	单行文本
I	INSERT	插入块
W	WBLOCK	定义块
DIV	DIVID	等分
H	HATCH	填充

表 A-3　　修改快捷键命令

快捷键命令	命 令 全 称	命 令 意 义
CO	COPY	复制
MI	MIRROR	镜像
AR	ARRAY	阵列
O	OFFSET	偏移
RO	ROTATE	旋转
M	MOVE	移动
E	ERASE	删除
X	EXPLODE	分解
TR	RTRIM	修剪
EX	EXTEND	延伸
S	STRETCH	拉伸
LEN	LENGTHEN	直线拉长
SC	SCALE	比例缩放
BR	BRESK	打断
CHA	CHAMFER	倒角
F	FILLET	倒圆角
PE	PEDIT	多段线编辑
ED	EDEDIT	修改文本

表 A-4　视图缩放快捷键命令

快捷键命令	命令全称	命令意义
P	PAN	视图平移
Z	ZOOM	视图缩放
Z + A	ZOOM ALL	显示全部图形
Z + E	ZOOM EXTENTS	充满显示
Z + P	ZOOM PREVIOUS	显示前一视图
Z + 空格	ZOOM REAL TIME	实时缩放视图

表 A-5　尺寸标注快捷键命令

快捷键命令	命令全称	命令意义
DLI	DIMLINEAR	直线标注
DAL	DIMALIGNED	对齐标注
DRA	DIMRADIUS	半径标注
DDI	DIMDIAMETER	直径标注
DAN	DIMANGULAR	角度标注
DCE	DIMCENTER	中心标注
DOR	DIMORDINATE	点标注
TOL	TOLERANCE	标注形位公差
LE	QLEADER	快速引出标注
DBA	DIMBASELINE	基线标注
DCO	DIMCONTINUE	连续标注
D	DIMSTYLE	标注样式
DED	DIMEDIT	编辑标注
DOV	DIMOVERRIDE	替换标注系统变量

附录 B　　对象捕捉模式类型

捕捉模式	含　义
端点	捕捉直线或圆弧等对象的端点
中点	捕捉直线或圆弧等对象的中点
圆心	捕捉圆、圆弧、椭圆、椭圆弧的圆心位置
节点	捕捉点对象及尺寸的定义点
象限点	捕捉圆、圆弧、椭圆、椭圆弧上位于0°、90°、180°、270°位置的点
交点	捕捉直线、圆、圆弧等对象的交点
延长线	捕捉对象延长线上的虚点
插入点	捕捉属性、块或文本的插入点

（续）

捕捉模式	含　义
垂足	捕捉直线、圆弧、圆等对象上的一点，该点与指定的上一点形成一条垂线
切点	捕捉指定圆或圆弧的切点
最近点	捕捉距十字光标最近的点
外观交点	在 2D 空间中，外观交点捕捉模式与交点捕捉模式是等效的
平行线	捕捉已知直线的平行线

附录 C　功能快捷键命令

功　能　键	命令含义	功　能　键	命令含义
F1	帮助	F7	栅格开关
F2	打开文本窗口	F8	正交开关
F3	对象捕捉开关	F9	捕捉开关
F4	三维对象捕捉设置切换	F10	极轴捕捉开关
F5	等轴侧平面转换	F11	对象捕捉追踪开关
F6	动态 UCS 设置切换	F12	动态输入开关

附录 D　Ctrl 键 + 字母或数字组合快捷键命令

快捷键命令	命令全称	命令意义
Ctrl + A	SELECT ALL	选择图形所有对象
Ctrl + C	COPYCLIP	复制
Ctrl + N	NEW	新建文件
Ctrl + O	OPEN	打开文件
Ctrl + P	PLOT	打印文件
Ctrl + S	SAVE	保存文件
Ctrl + V	PASTECLIP	粘贴
Ctrl + X	CUTCLIP	剪切
Ctrl + Z	UNDO	放弃

附录 E　常见建筑装饰材料剖面图图例

序　号	名　称	图　例	备　注
1	砂砾石、碎砖三合土		—

（续）

序　号	名　称	图　例	备　注
2	石材		标明厚度
3	毛石		必要时标明石料块面大小及品种
4	普通砖		包括实心砖、多孔砖、砌块等砌体，断面较窄不易绘出图例线时，可涂黑，并在备注中加以说明，画出该材料图例
5	轻钢龙骨板材隔墙		标明材质
6	饰面砖		包括铺地砖、墙面砖、陶瓷锦砖（也称马赛克）等
7	混凝土		1. 指能承重的混凝土 2. 各种强度等级、骨料、添加剂的混凝土 3. 断面图形小，不易画出图线时，可涂黑
8	钢筋混凝土		1. 指能承重的钢筋混凝土 2. 各种强度等级、骨料、添加剂的混凝土 3. 在剖面图上画出钢筋时，不画图例线 4. 断面图形小，不易画出图线时，可涂黑
9	多孔材料		包括水泥珍珠岩、沥青珍珠岩、泡沫混凝土、非承重加气混凝土、软木、蛭石制品等
10	纤维材料		包括矿棉、岩棉、玻璃棉、麻丝、木丝板、纤维板等
11	泡沫塑料材料		1. 包括聚苯乙烯、聚乙烯、聚氨酯等多孔聚合物类材料 2. 若对于手工制图难以绘制蜂窝状图案时，可使用"多孔材料"图例并增加文字说明，或自行设定其他表示方法
12	密度板		标明厚度

（续）

序 号	名 称	图 例	备 注
13	木材	(垫木、木砖 或木龙骨) (横断面) (纵断面)	— —
14	木工板		标明厚度
15	石膏板		1. 标明厚度 2. 标明石膏板品种名称
16	金属		1. 包括各种金属，标明材料名称 2. 图形小时，可涂黑
17	普通玻璃		标明材质、厚度
18	地毯		标明种类
19	粉刷		本图例采用较稀的点
20	窗帘		箭头所示为开启方向